全 国 高 职 高 专 土 建 类 精 品 规 划 教 材

工程资料整理

主　编　周无极　刘福臣
副主编　王金玲　孙学瑞

中国水利水电出版社
www.waterpub.com.cn

内 容 提 要

本书依据 GB/T 50328—2001《建设工程文件归档整理规范》和 GB 50300—2001《建筑工程施工质量验收统一标准》等最新规范组织编写。全书共分 6 章。第 1 章为工程资料整理概述；第 2 章为工程准备阶段资料整理；第 3 章为监理资料整理；第 4 章为施工资料整理；第 5 章为竣工验收资料整理；第 6 章为建筑工程施工资料编制实例。

本书可作为高职高专土建类各专业的通用教材，也可作为在职职工的岗前培训教材，还可作为建筑企业各级工程技术人员、管理人员、监理公司人员的参考用书。

图书在版编目（CIP）数据

工程资料整理/ 周无极，刘福臣主编 . —北京：中国水利水电出版社，2007（2021.8 重印）

全国高职高专土建类精品规划教材

ISBN 978 - 7 - 5084 - 4460 - 4

Ⅰ. 工… Ⅱ. ①周…②刘… Ⅲ. 建筑工程—资料—整理—高等学校：技术学校—教材 Ⅳ. TU712

中国版本图书馆 CIP 数据核字（2007）第 027657 号

书　　名	全国高职高专土建类精品规划教材 **工程资料整理**
作　　者	主编　周无极　刘福臣
出版发行	中国水利水电出版社 （北京市海淀区玉渊潭南路 1 号 D 座　100038） 网址：www.waterpub.com.cn E - mail：sales@waterpub.com.cn 电话：(010) 68367658（营销中心）
经　　售	北京科水图书销售中心（零售） 电话：(010) 88383994、63202643、68545874 全国各地新华书店和相关出版物销售网点
排　　版	中国水利水电出版社微机排版中心
印　　刷	清淞永业（天津）印刷有限公司
规　　格	184mm×260mm　16 开本　14 印张　332 千字
版　　次	2007 年 5 月第 1 版　2021 年 8 月第 9 次印刷
印　　数	28101—30600 册
定　　价	**49.00 元**

凡购买我社图书，如有缺页、倒页、脱页的，本社营销中心负责调换

序

　　教育部在《2003—2007 年教育振兴行动计划》中提出要实施"职业教育与创新工程"，大力发展职业教育，大量培养高素质的技能型特别是高技能人才，并强调要以就业为导向，转变办学模式，大力推动职业教育快速发展。高职高专教育的人才培养模式应体现以培养技术应用能力为主线和全面推进素质教育的要求。教材是体现教学内容和教学方法的知识载体，进行教学活动的基本工具；是深化教育教学改革，保障和提高教学质量的重要支柱和基础。因此，教材建设是高职高专教育的一项基础性工程，必须适应高职高专教育改革与发展的需要。

　　为贯彻这一思想，中国水利水电出版社计划出版高职高专系列精品规划教材。在继 2004 年 8 月成功推出《全国高职高专电气类精品规划教材》和 2005 年 8 月成功推出《全国高职高专水利水电类精品规划教材》后，2006 年 3 月，中国水利水电出版社组织全国性的教材研讨会，全国 14 家高职高专院校共同研讨土木建筑专业高职高专教学的目前状况、特色及发展趋势，启动《全国高职高专土建类精品规划教材》的编写和出版工作。

　　《全国高职高专土建类精品规划教材》是为适应高职高专教育改革与发展的需要，以培养技术应用性的高技能人才的系列教材。为了确保教材的编写质量，参与编写人员都是经过院校推荐、编委会答辩并聘任的，有着丰富的教学和实践经验，其中主编都有编写教材的经历。教材较好地贯彻了建筑行业新的法规、规程、规范精神，反映了当前新技术、新材料、新工艺、新方法和相应的岗位资格特点，体现了培养学生的技术应用能力和推进素质教育的要求，具有创新特色。同时，结合教育部两年制高职教育的试点推行，编委会也对各门教材提出了满足这一发展需要的内容编写要求，可以说，这套教材既能够适应三年制高职高专教育的要求，也适应了两年制高职高专教育培养目标的要求。

　　《全国高职高专土建类精品规划教材》的出版，是对高职高专教材建设的一次有益探讨，因为时间仓促，教材可能存在一些不妥之处，敬请读者批评指正。

《全国高职高专土建类精品规划教材》编委会

2006 年 11 月

前　言

工程资料是建设工程合法身份与合格质量的证明文件，是工程竣工交付使用的必备文件，也是对工程进行检查、验收、维修、改建和扩建的原始依据。在我国，国家立法和验收标准都对工程资料提出了明确的要求，《中华人民共和国建筑法》、《建设工程质量管理条例》等法律、法规，GB 50300—2001《建筑工程施工质量验收统一标准》、GB/T 50328—2001《建设工程文件归档整理规范》等规范，均把工程资料放在重要的位置。

随着工程建设的飞速发展及管理工作逐渐走向规范，工程资料管理工作已成为工程建设过程中不可缺少的一项关键工作，而各建设单位、施工单位、监理单位以及其他相关单位却极其缺少高素质的资料管理人员。为了满足高职高专院校培养社会需求的专门人才的需要，中国水利水电出版社特组织力量编写了《工程资料整理》这本教材。

本教材共分6章。第1章为工程资料整理概述；第2章为工程准备阶段资料整理；第3章为监理资料整理；第4章为施工资料整理；第5章为竣工验收资料整理；第6章为建筑工程施工资料编制实例。编写时力求简明、实用。

本教材由周无极、刘福臣任主编，王金玲、孙学瑞任副主编。第1章、第4章由周无极编写；第2章由刘福臣编写；第3章由王海龙、邵慧编写；第5章由王金玲编写；第6章由隋兵、孙学瑞编写。全书由周无极统稿。

本书的出版得到湖北水利水电职业技术学院钟汉华和徐宏广、长江水利委员会的同仁等的大力帮助和支持，特此致谢。同时，在编写过程中参阅了一些书籍，在此谨向原作者表示衷心感谢。

由于水平有限，书中存在疏漏和错误之处在所难免，恳请广大读者批评指正。

编　者

2007 年 3 月

目　　录

第1章 工程资料整理概述

1.1 概 述

1.1.1 工程资料的基本概念

工程资料是工程建设从项目的提出、筹备、勘测、设计、施工到竣工投产等过程中形成的文件材料、图纸、图表、计算材料、声像材料等各种形式的信息总和，简称为工程资料。主要包括工程准备阶段资料、监理资料、施工资料和竣工验收资料等。

工程资料，是建设工程合法身份与合格质量的证明文件，是工程竣工交付使用的必备文件，也是对工程进行检查、验收、维修、改建和扩建的原始依据。在我国，国家立法和验收标准都对工程资料提出了明确的要求，《中华人民共和国建筑法》、《建设工程质量管理条例》等法律法规，GB 50300—2001《建筑工程施工质量验收统一标准》、GB/T 50328—2001《建设工程文件归档整理规范》等标准，均把工程资料放在重要的位置。

正如工程实体建设是参与建设各方的共同责任一样，工程资料的形成也同样是参与建设各方的共同责任。工程资料不仅由施工单位提供，参与工程建设的建设、勘测、设计单位，承担监理任务的监理或咨询等单位，都负有收集、整理、签署、核查工程资料的责任。

为了保证工程的安全和使用功能，必须重视工程资料的真实性、可靠性。因此，我们应当规范工程资料的管理，将工程资料视为工程质量验收的重要依据，甚至是工程质量的组成部分。

1.1.2 工程资料的主要内容

（1）工程准备阶段资料。是指工程在立项、审批、征地、勘察、设计、招投标、开工审批及工程概预算等工程准备阶段形成的资料，由建设单位提供。

（2）监理资料。是指监理单位在工程设计、施工等监理过程中形成的资料，主要包括监理管理资料、监理工作记录、竣工验收资料和其他资料等。监理资料由监理单位负责完成，工程竣工后，监理单位应按规定将监理资料移交给建设单位。

（3）施工资料。是指施工单位在工程具体施工过程中形成的资料，应由施工单位负责形成。主要包括单位工程整体管理与验收资料、施工管理资料、施工技术资料、施工测量记录、施工物资资料、施工记录、施工试验记录、施工质量验收记录等。工程竣工后，施工单位应按规定将施工资料移交给建设单位。

（4）竣工验收资料。是指在工程项目竣工验收活动中形成的资料。包括工程验收总结、竣工验收记录、财务文件和声像、缩微、电子档案等。

1.2　工程资料的管理职责

根据国家规定，参与工程建设的建设、勘察、设计、监理和施工等单位均负有工程资料管理的责任。这些管理职责对参与建设各方来说，有些是相同的、一致的，即为通用职责，有些是参与建设的某一方所特有的职责。参建各方应当认真履行通用职责和自己的职责。

1.2.1　通用职责

通用职责也称基本职责，主要有以下 5 条。

（1）工程资料的形成应符合国家相关的法律、法规、技术规范、质量验收标准、工程合同和设计文件等规定。

（2）工程各参建单位应将工程资料的形成和积累纳入工程建设管理的各个环节和全过程。建设、监理、施工单位应各自组织本单位工程资料的整体管理工作，并应明确相关人员的职责。

（3）工程资料应随工程进度同步收集、整理，并按规定进行移交。资料组卷与资料份数应符合规定。

（4）工程资料应实行分级管理，由建设、监理、施工单位主管（技术）负责人组织本单位工程资料的全过程管理工作。建设过程中工程资料的收集、整理和审核工作应由专人负责，并按规定取得相应的岗位资格。

（5）工程各参建单位应确保各自所形成的资料的真实、有效、完整和齐全。对工程资料进行涂改、伪造、随意抽撤或损毁、丢失等现象，应按有关规定对相关责任人予以处罚，情节严重的，应依法追究法律责任。

重要工程资料应保持其页码、内容的连续性，不准随意撕扯、抽撤或更换。资料的原始记录均应为真实的原始现场记录，不准再次抄录。当工程资料中有需要修改的内容时，应采取"杠改"的方式修改，"杠改"部分要清晰可辨，并注明更改原因，在修改位置旁由修改人本人签名承担责任。

1.2.2　各单位职责

1. 建设单位职责

（1）应负责工程准备及验收阶段资料的管理工作，并设专人对这些资料进行收集、整理和归档。

（2）在工程招标及与参建各方签订合同或协议时，应对工程资料和工程档案的编制责任、套数、费用、质量和移交期限等提出明确要求。

（3）必须向参与工程建设的勘察、设计、施工、监理等单位提供与建设工程有关的资料。

（4）由建设单位采购的建筑材料、构配件和设备，建设单位应保证建筑材料、构配件和设备符合设计文件和合同要求，并保证相关物资文件的完整、真实和有效。

（5）应负责监督和检查各参建单位工程资料的形成、积累和立卷工作，也可委托监理单位检查工程资料的形成、积累和立卷工作。

（6）对须建设单位签认的工程资料应签署意见。

（7）应收集和汇总勘察、设计、监理和施工等单位立卷归档的工程档案。

（8）应负责组织竣工图的绘制工作，也可委托施工单位、监理单位或设计单位进行。

（9）列入城建档案馆接收范围的工程档案，建设单位应在组织工程竣工验收前，提请城建档案馆对工程档案进行预验收，未取得《建设工程竣工档案预验收意见》的，不得组织工程竣工验收。

（10）建设单位应在工程竣工验收后3个月内将工程档案移交城建档案管。

2．勘察、设计单位职责

（1）应按合同和规范要求提供勘察、设计文件，包括工程洽商和变更。

（2）对须由勘察、设计单位签认的工程资料，应及时签署意见。

（3）应按照有关规定对工程竣工验收，出具工程质量检查报告。

3．监理单位职责

（1）应负责监理资料的管理工作，并设专人对监理资料进行收集、整理和归档。

（2）应按照合同约定，在勘察、设计阶段，对勘察、设计文件的形成、积累、组卷和归档进行监督、检查；在施工阶段，应对施工资料的形成、积累、组卷和归档进行监督、检查，使施工资料的完整性、准确性符合有关规定。

（3）对须由监理单位出具或签认的工程资料，应及时进行签署。

（4）列入城建档案馆接收范围的监理资料，监理单位应在工程竣工验收后两个月内移交建设单位。

4．施工单位职责

（1）应负责施工资料的管理工作，实行技术负责人负责制，逐级建立、健全施工资料管理岗位责任制。

（2）应负责汇总各分包单位编制的施工资料，分包单位应负责其分包范围内施工资料的收集和整理，并对施工资料的真实性、完整性和有效性负责。

（3）应在工程竣工验收前，将工程的施工资料整理、汇总完成。

（4）应负责编制施工资料，一般不少于两套，一套自行保存，一套移交建设单位。

5．城建档案馆对工程资料的管理职责

城建档案馆是长期保存工程资料的专业机构。它不属于参与工程建设的一方主体，但是担负对于工程资料重要的管理职责，具体如下。

（1）应负责接收、收集、保管和利用城建档案的日常管理工作。

（2）应负责对城建档案的编制、整理、归档工作进行监督、检查、指导，对国家重点、大型工程项目的工程档案编制、整理、归档工作应指派专业人员进行指导。

（3）在工程竣工验收前，应对列入城建档案馆接收范围的工程档案进行预验收，并出具《建设工程竣工档案预验收意见》。

1.3　资料员的基本要求和工作职责

1.3.1　资料员的基本要求

资料员是施工企业五大员（施工技术员、质量员、安全员、材料员、资料员）之一。一个建设工程的质量具体反映在建筑物的实体质量，即所谓硬件；此外是该项工程技术资料质量，即所谓软件。工程资料的形成，主要靠资料员的收集、整理、编制成册，因此资料员在施工过程中担负着十分重要的责任。

要当好资料员除了要有认真、负责的工作态度外，还必须了解建设工程项目的工程概况，熟悉本工程的施工图、施工基础知识、施工技术规范、施工质量验收规范、建筑材料的技术性能、质量要求及使用方法，有关政策、法规和地方性法规、条文等；要了解掌握施工管理的全过程，了解掌握每项资料在什么时候产生。

1.3.2　资料员的工作职责

1. 熟练掌握档案资料工作的有关业务知识

（1）熟悉掌握国家、地区、上级单位有关档案、资料管理的法规、条例、规定等。

（2）资料的收集、整理、归档。

（3）报送建设单位归档资料。

（4）施工单位归档资料。

（5）报送城建档案室归档资料。

2. 资料收集过程中应遵守的三项原则

（1）参与的原则。工程资料管理必须纳入项目管理的程序中，资料员应参加生产协调会、项目管理人员工作会等，及时掌握施工管理信息，便于对资料的管理监控。

（2）同步的原则。工程资料的收集必须与实际施工进度同步。

（3）否定的原则。对分包单位必须提供的施工技术资料应严格把关，对所提供的资料不符合规定要求的不予结算工程款。

3. 资料的保管

（1）分类整理。按质量验收记录、工程质量控制资料核查记录、施工技术管理资料、工程安全功能检验资料核查和主要功能检查资料等划分，同类资料按产生时间的先后排列。

（2）固定存放。根据实际条件，配备必要的箱柜存放资料，并注意做到防火、防蛀、防霉。

（3）借阅有手续。资料的借阅必须建立一定的借阅制度，并按制度办理借阅手续。

（4）按规定移交、归档。项目通过竣工验收后，按时移交给公司、建设单位和城建档案部门。

1.3.3　资料员的工作内容

资料员的工作内容按不同阶段划分，可分为施工前期阶段、施工阶段、竣工验收阶段。

1. 施工前期阶段

（1）熟悉建设项目的有关资料和施工图。

（2）协助编制施工技术组织设计（施工技术方案），并填写施工组织设计（方案）报审表给现场监理机构要求审批。

（3）报开工报告，填报工程开工报审表，填写开工通知单。

（4）协助编制各工种的技术交底材料。

（5）协助制定各种规章制度。

2. 施工阶段

（1）及时搜集整理进场的工程材料、构配件、成品、半成品和设备的质量保证资料（出厂质量证明书、生产许可证、准用证、交易证），填报工程材料、构配件、设备报审表，由监理工程师审批。

（2）与施工进度同步，做好隐蔽工程验收记录及检验批质量验收记录的报审工作。

（3）及时整理施工试验记录和测试记录。

（4）阶段性的协助整理施工日记。

3. 竣工验收阶段

（1）工程竣工资料的组卷包括以下方面。

1）单位（子单位）工程质量验收资料。

2）单位（子单位）工程质量控制资料核查记录。

3）单位（子单位）工程安全与功能检验资料核查及主要功能抽查资料。

4）单位（子单位）工程施工技术管理资料。

（2）归档资料（提交城建档案馆）包括以下方面。

1）施工技术准备文件，包括图纸会审记录，控制网设置资料，工程定位测量资料，基槽开挖线测量资料。

2）工程图纸变更记录，包括设计会议会审记录，设计变更记录，工程洽谈记录等。

3）地基处理记录，包括地基钎探记录和钎探平面布置点，验槽记录和地基处理记录，桩基施工记录，试桩记录等。

4）施工材料预制构件质量证明文件及复试试验报告。

5）施工试验记录，包括土壤试验记录，砂浆混凝土抗压强度试验报告，商品混凝土出厂合格证和复试报告，钢筋接头焊接报告等。

6）施工记录，包括工程定位测量记录，沉降观测记录，现场施工预应力记录，工程竣工测量，新型建筑材料，施工新技术等。

7）隐蔽工程检查记录，包括基础与主体结构钢筋工程，钢结构工程，防水工程，高程测量记录等。

8）工程质量事故处理记录。

1.4 工程资料的归档范围与质量要求

1.4.1 工程资料的归档

工程资料的归档是指工程资料形成单位完成其工作任务后，将形成的资料整理立卷，按规定移交档案管理机构。归档包括两方面含义：一是建设、勘察、设计、施工、监理等单位将本单位在工程建设过程中形成的资料向本单位档案管理机构移交；二是勘察、设计、施工、监理等单位将本单位在工程建设过程中形成的资料向建设单位档案管理机构移交。

　　归档应符合下列规定。

　　（1）归档资料必须完整、准确、系统，能够反映工程建设的全过程。归档的资料必须经过分类整理，并应组成符合要求的案卷。资料归档范围详见表 1.1。

表 1.1　　　　　　　　　　　　建设工程文件归档范围和保管期限表

序号	归档文件	保存单位和保管期限				
		建设单位	施工单位	设计单位	监理单位	城建档案馆
工程准备阶段文件						
一	立项文件					
1	项目建议书	永久				√
2	项目建议书审批意见及前期工作通知书	永久				√
3	可行性研究报告及附件	永久				√
4	可行性研究报告审批意见	永久				√
5	关于立项有关的会议纪要、领导讲话	永久				√
6	专家建议文件	永久				√
7	调查资料及项目评估研究材料	长期				√
二	建设用地、征地、拆迁文件					
1	选址申请及选址规划意见通知书	永久				√
2	用地申请报告及县级以上人民政府城乡建设用地批准书	永久				√
3	拆迁安置意见、协议、方案等	长期				√
4	建设用地规划许可证及其附件	永久				√
5	划拨建设用地文件	永久				√
6	国有土地使用证	永久				√
三	勘察、测绘、设计文件					
1	工程地质勘察报告	永久		永久		√
2	水文地质勘察报告、自然条件、地震调查	永久		永久		√
3	建设用地钉桩通知单（书）	永久				√
4	地形测量和拨地测量成果报告	永久		永久		√
5	申报的规划设计条件和规划设计条件通知书	永久		长期		√
6	初步设计图纸和说明	长期		长期		
7	技术设计图纸和说明	长期		长期		
8	审定设计方案通知书及审查意见	长期		长期		√
9	有关行政主管部门（人防、环保、消防、交通、园林、市政、文物、通信、保密、河湖、教育、白蚁防治、卫生等）批准文件或取得的有关协议	永久				√

续表

序号	归 档 文 件	保存单位和保管期限				
		建设单位	施工单位	设计单位	监理单位	城建档案馆
10	施工图及其说明	长期		长期		
11	设计计算书	长期		长期		
12	政府有关部门对施工图设计文件的审批意见	永久		长期		√
四	招投标文件					
1	勘察设计招投标文件	长期				
2	勘察设计承包合同	长期		长期		√
3	施工招投标文件	长期				
4	施工承包合同	长期	长期			√
5	工程监理招投标文件	长期				
6	监理委托合同	长期			长期	√
五	开工审批文件					
1	建设项目列入年度计划的申报文件	永久				√
2	建设项目列入年度的批复文件或年度计划项目表	永久				√
3	规划审批申报表及报送的文件和图纸	永久				√
4	建设工程规划许可证及其附件	永久				√
5	建设工程开工审查表	永久				
6	建设工程施工许可证	永久				
7	投资许可证、审计证明、缴纳绿化建设费等证明	长期				√
8	工程质量监督手续	长期				√
六	财务文件					
1	工程投资估算材料	短期				
2	工程设计概算材料	短期				
3	施工图预算材料	短期				
4	施工预算	短期				
七	建设、施工、监理机构及负责人					
1	工程项目管理机构（项目经理部）及负责人名单	长期				√
2	工程监理单位（项目监理部）及负责人名单	长期			长期	√
3	工程项目施工管理机构（施工项目经理部）及负责人名单	长期	长期			√
监 理 文 件						
1	监理规划					
(1)	监理规划	长期			短期	√
(2)	监理实施细则	长期			短期	√
(3)	监理部总控制计划等	长期			短期	

序号	归 档 文 件	保存单位和保管期限				
		建设单位	施工单位	设计单位	监理单位	城建档案馆
2	监理月报中的有关质量问题	长期			长期	√
3	监理会议纪要中的有关质量问题	长期			长期	√
4	进度控制					
(1)	工程开工/复工审批表	长期			长期	√
(2)	工程开工/复工暂停令				长期	√
5	质量控制					
(1)	不合格项目通知	长期			长期	√
(2)	质量事故报告及处理意见	长期			长期	√
6	造价控制					
(1)	预付款报审与支付	短期				
(2)	月付款报审与支付	短期				
(3)	设计变更、洽商费用报审与签认	长期				
(4)	工程竣工决算审核意见书	长期				√
7	分包资质					
(1)	分包单位资质材料	长期				
(2)	供货单位资质材料	长期				
(3)	试验等单位资质材料	长期				
8	监理通知					
(1)	有关进度控制的监理通知	长期			长期	
(2)	有关质量控制的监理通知	长期			长期	
(3)	有关造价控制的监理通知	长期			长期	
9	合同与其他事项管理					
(1)	工程延期报告及审批	永久			长期	√
(2)	费用索赔报告及审批	长期			长期	
(3)	合同争议、违约报告及处理意见	永久			长期	√
(4)	合同变更材料	长期			长期	√
10	监理工作总结					
(1)	专题总结	长期			短期	
(2)	月报总结	长期			短期	
(3)	工程竣工总结	长期			长期	√
(4)	质量评价意见报告	长期			长期	√

续表

序号	归档文件	保存单位和保管期限				
		建设单位	施工单位	设计单位	监理单位	城建档案馆
施 工 文 件						
一	建设安装工程					
(一)	土建（建筑与结构）工程					
1	施工技术准备文件					
(1)	施工组织设计	长期				
(2)	技术交底	长期	长期			
(3)	图纸会审记录	长期	长期	长期		√
(4)	施工预算的编制和审查	短期	短期			
(5)	施工日志	短期	短期			
2	施工现场准备					
(1)	控制网设置资料	长期	长期			√
(2)	工程定位测量资料	长期	长期			√
(3)	基槽开挖线测量资料	长期	长期			√
(4)	施工安全措施	短期	短期			
(5)	施工环保措施	短期	短期			
3	地基处理记录					
(1)	地基钎探记录和钎探平面布点图	永久	长期			√
(2)	验槽记录和地基处理记录	永久	长期			√
(3)	桩基施工记录	永久	长期			√
(4)	试桩记录	长期	长期			√
4	工程图纸变更记录					
(1)	设计会议会审记录	永久	长期	长期		√
(2)	设计变更记录	永久	长期	长期		√
(3)	工程洽商记录	永久	长期	长期		√
5	施工材料、预制构件质量证明文件及复试试验报告					
(1)	砂、石、砖、水泥、钢筋、防水材料、隔热保温、防腐材料、轻集料试验汇总表	长期				√
(2)	砂、石、砖、水泥、钢筋、防水材料、隔热保温、防腐材料、轻集料出厂证明文件	长期				√
(3)	砂、石、砖、水泥、钢筋、防水材料、轻集料、焊条、沥青复试试验报告	长期				√
(4)	预制构件（钢筋、混凝土）出厂合格证、试验记录	长期				√
(5)	工程物资选样送审表	短期				
(6)	进场物资批次汇总表	短期				

序号	归 档 文 件	保存单位和保管期限				
		建设单位	施工单位	设计单位	监理单位	城建档案馆
(7)	工程物资进场报验表	短期				
6	施工试验记录					
(1)	土壤（素土、灰土）干密度试验报告	长期				√
(2)	土壤（素土、灰土）击实试验报告	长期				√
(3)	砂浆配合比通知单	长期				
(4)	砂浆（试块）抗压强度试验报告	长期				√
(5)	混凝土配合比通知单	长期				
(6)	混凝土（试块）抗压强度试验报告	长期				√
(7)	混凝土抗渗试验报告	长期				√
(8)	商品混凝土出厂合格证、复试报告	长期				√
(9)	钢筋接头（焊接）试验报告	长期				√
(10)	防水工程试水检查记录	长期				
(11)	楼地面、屋面坡度检查记录	长期				
(12)	土壤、砂浆、混凝土、钢筋连接、混凝土抗渗试验报告汇总表	长期				√
7	隐蔽工程检查记录					
(1)	基础和主体结构钢筋工程	长期	长期			√
(2)	钢结构工程	长期	长期			√
(3)	防水工程	长期	长期			√
(4)	高程控制	长期	长期			
8	施工记录					
(1)	工程定位测量检查记录	永久	长期			√
(2)	预检工程检查记录	短期				
(3)	冬施混凝土搅拌测温记录	短期				
(4)	冬施混凝土养护测温记录	短期				
(5)	烟道、垃圾道检查记录	短期				
(6)	沉降观测记录	长期				√
(7)	结构吊装记录	长期				
(8)	现场施工预应力记录	长期				√
(9)	工程竣工测量	长期	长期			√
(10)	新型建筑材料	长期	长期			√
(11)	施工新技术	长期	长期			√

续表

序号	归档文件	保存单位和保管期限				
		建设单位	施工单位	设计单位	监理单位	城建档案馆
9	工程质量事故处理记录	永久				√
10	工程质量检验记录					
(1)	检验批质量验收记录	长期	长期		长期	
(2)	分面工程质量验收记录	长期	长期		长期	
(3)	基础、主体工程验收记录	永久	长期		长期	√
(4)	幕墙工程验收记录	永久	长期		长期	√
(5)	分部（子分部）工程质量验收记录	永久	长期		长期	√
(二)	电气、给排水、消防、采暖、通风、空调、燃气、建筑智能化、电梯工程					
1	一般施工记录					
(1)	施工组织设计	长期	长期			
(2)	技术交底	短期				
(3)	施工日志	短期				
2	图纸变更记录					
(1)	图纸会审	永久	长期			√
(2)	设计变更	永久	长期			√
(3)	工程洽商	永久	长期			√
3	设备、产品质量检查、安装记录					
(1)	设备、产品质量合格证、质量保证书	长期	长期			√
(2)	设备装箱单、商检证明和说明书、开箱报告	长期				
(3)	设备安装记录	长期				√
(4)	设备试运行记录	长期				√
(5)	设备明细表	长期	长期			√
4	预检记录	短期				
5	隐蔽工程检查记录	长期	长期			
6	施工试验记录					
(1)	电气接地电阻、绝缘电阻、综合布线、有线电视末端等测试记录	长期				√
(2)	楼宇自控、监视、安装、视听、电话等系统调试记录	长期				√
(3)	变配电设备安装、检查、通电、满负荷测试记录	长期				√
(4)	给排水、消防、采暖、通风、空调、燃气等管道强度、严密性、灌水、通风、吹洗、漏风、试压、通球、阀门等试验记录	长期				√
(5)	电梯照明、动力、给排水、消防、采暖、通风、空调、燃气等系统调试、试运行记录	长期				√

续表

序号	归 档 文 件	保存单位和保管期限				
		建设单位	施工单位	设计单位	监理单位	城建档案馆
(6)	电梯接地电阻、绝缘电阻测试记录；空载、半载、满载、超载试运行记录；平衡、运速、噪声—调整试验报告	长期				√
7	质量事故处理记录	永久	长期			√
8	工程质量检验记录					
(1)	检验批质量验收记录	长期	长期		长期	
(2)	分项工程质量验收记录	长期	长期		长期	
(3)	分部（子分部）工程质量验收记录	永久	长期		长期	√
（三）	室外工程					
1	室外安装（给水、雨水、污水、热力、燃气、电信、电力、照明、电视、消防等）施工文件	长期				√
2	室外建筑环境（建筑小品、水景、道路、园林绿化等）施工文件	长期				√
二	市政基础设施工程					
	竣 工 图					
一	建筑安装工程竣工图					
（一）	综合竣工图					
1	综合图					√
(1)	总平面布置图（包括建筑、建筑小品、水景、照明、道路、绿化等）	永久	长期			√
(2)	竖向布置图	永久	长期			√
(3)	室外给水、排水、热力、燃气等管网综合图	永久	长期			√
(4)	电气（包括电力、电信、电视系统等）综合图	永久	长期			√
(5)	设计总说明书	永久	长期			√
2	室外专业图		长期			
(1)	室外给水	永久	长期			√
(2)	室外雨水	永久	长期			√
(3)	室外污水	永久	长期			√
(4)	室外热力	永久	长期			√
(5)	室外燃气	永久	长期			√
(6)	室外电信	永久	长期			√
(7)	室外电力	永久	长期			√
(8)	室外电视	永久	长期			√
(9)	室外建筑小品	永久	长期			√
(10)	室外消防	永久	长期			√

序号	归 档 文 件	保存单位和保管期限				
		建设单位	施工单位	设计单位	监理单位	城建档案馆
(11)	室外照明	永久	长期			√
(12)	室外水景	永久	长期			√
(13)	室外道路	永久	长期			√
(14)	室外绿化	永久	长期			√
(二)	专业竣工图					
1	建筑竣工图	永久	长期			√
2	结构竣工图	永久	长期			√
3	装修(装饰)工程竣工图	永久	长期			√
4	电气工程(智能化工程)竣工图	永久	长期			√
5	给排水工程(消防工程)竣工图	永久	长期			√
6	采暖、通风、空调工程竣工图	永久	长期			√
7	燃气工程竣工图	永久	长期			√
二	市政基础设施工程竣工图					
竣 工 验 收 文 件						
一	工程竣工总结					
1	工程概况表	永久				√
2	工程竣工总结	永久				√
二	竣工验收记录					
(一)	建筑安装工程					
1	单位(子单位)工程质量验收记录	永久	长期			√
2	竣工验收证明书	永久	长期			√
3	竣工验收报告	永久	长期			√
4	竣工验收备案表(包括各专项验收认可文件)	永久				√
5	工程质量保修书	永久	长期			√
(二)	市政基础设施工程					
三	财务文件					
1	决算文件	永久				√
2	交付使用财产总表和财产明细表	永久	长期			√
四	声像、缩微、电子档案					
1	声像档案					
(1)	工程照片	永久				√
(2)	录音、录像材料	永久				√
2	缩微晶	永久				√
3	电子档案					
(1)	光盘	永久				√
(2)	磁盘	永久				√

（2）根据工程建设的程序和特点，归档可以分阶段进行，也可以在单位或分部工程通过竣工验收后进行。一般规定勘察、设计单位应当在任务完成时，施工、监理单位应当在工程竣工验收前，将各自形成的有关工程档案向建设单位归档。

（3）勘察、设计、施工单位在收齐工程文件并整理立卷后，建设单位、监理单位应根据城建管理机构的要求对档案文件的完整、准确、系统情况和案卷质量进行审查，审查合格后向建设单位移交。

（4）工程档案一般不少于两套，一套由建设单位保管，一套（原件）移交当地城建档案馆。

（5）勘察、设计、施工、监理等单位向建设单位移交档案时，应编制移交清单，双方签字、盖章后方可交接。

（6）凡设计、施工及监理单位需要向本单位归档的文件，应按国家有关规定和表 1.1 的要求单独立卷归档。

1.4.2　工程资料的质量要求

（1）工程资料应使用原件。因各种原因不能使用原件的，应在复印件上加盖单位公章，原件存放，注明原件存放处，并有经办人签字及时间。

（2）工程资料应真实反应工程的实际情况，资料的内容必须真实、准确，与工程实际相符合。

（3）工程资料的内容必须符合国家有关的技术标准。

（4）工程文件资料应字迹清楚、图样清晰、图表整洁，签字盖章手续完备。签字必须使用档案规定用笔。如采用碳素墨水、蓝黑墨水等耐久性强的书写材料，不得使用铅笔、圆珠笔、红色墨水、纯蓝墨水、复写纸等易褪色的书写材料。工程资料的照片及声像档案应图像清晰、声音清楚、文字说明或内容准确。

（5）工程文件中文字材料幅面尺寸规格宜为 A4 幅面（297mm×210mm）。图纸宜采用国家标准图幅。

图 1.1　竣工图章式样

（6）工程文件的纸张应采用能够长期保存的耐久性强、韧性大的纸张。图纸一般采用蓝晒图，竣工图应是新蓝图。计算机出图必须清晰，不得使用复印件。

（7）所有竣工图均应加盖竣工图章。

（8）竣工图章的基本内容应包括"竣工图"字样、施工单位、编制人、审核人、技术负责人、编制日期、监理单位、现场监理、总监。竣工图章尺寸为 50mm×80mm。竣工图章应使用不易褪色的红印泥，应盖在图标栏上方空白处。竣工图章示例如图 1.1 所示。

（9）利用施工图改绘竣工图，必须标明变更修改依据；凡施工图结构、工艺、平面布置等有重大改变，或变更部分超过图面 1/3 的，应当重新绘制竣工图。

（10）不同幅面工程图纸应按 GB/T 10609.3—1989《技术制图复制图的折叠方法》统一折叠成 A4 幅面（297mm×210mm），图标栏露在外面。

1.5 工程资料的组卷

1.5.1 工程资料组卷的基本原则

组卷又称立卷，是指按一定的原则和方法，将有保存价值的资料进行系统整理、编制目录、详细核对以后装订成案卷。

组卷应遵循工程资料的自然形成规律，保持卷内文件资料的有机联系，便于档案的保管和利用。

（1）建设项目应按单位工程组卷。

（2）工程资料应按照不同的收集、整理单位及资料类别，按工程准备及竣工验收阶段资料、监理资料、施工资料和竣工图分别进行组卷。

（3）卷内资料排列顺序要依照卷内的资料构成而定，一般顺序为封面、目录、资料部分、备考表和封底。组成的案卷力求美观整洁。

（4）卷内若存在多种工程资料时，同类资料按日期顺序排列，不同资料之间的排列顺序应按资料编号顺序排列。

（5）案卷不宜过厚，一般不超过 40mm。

（6）案卷内不应有重份资料，不同载体的资料一般应分别组卷。

（7）文字资料按事项、专业顺序排列。同一事项的请示与批复、同一文件的印本与定稿、主体与附件不能分开，并按批复在前、请示在后，印本在前、定稿在后，主体在前、附件在后的顺序排列。图纸按专业排列，同专业图纸按图号顺序排列。

（8）既有文字资料又有图纸的案卷，文字资料排前，图纸排后。

1.5.2 工程资料组卷的方法

工程准备及验收阶段资料的组卷可按建设程序、专业、形成单位等组卷。

监理资料和施工资料的组卷可按单位工程、分部工程、专业、阶段等组卷。

竣工图的组卷可按单位工程、专业等组卷。

1.5.3 案卷页码的编写

（1）编写页码应以独立卷为单位，卷内文件均以有书写内容的页面编写页号。

（2）每卷单独编号，页号从"1"开始。

（3）页号编写位置：单面书写的文件在右下角；双面书写的文件，正面在右下角，背面在左下角。

（4）图纸折叠后无论何种形式，页号一律编写在右下角。

（5）成套图纸或印刷成册的科技文件资料，自成一卷的，原目录可代替卷内目录，不必重新编写页码。

（6）案卷封面、卷内目录、卷内备考表不编写页号。

1.5.4　卷内目录的编制

（1）卷内目录式样宜符合图 1.2 的要求。

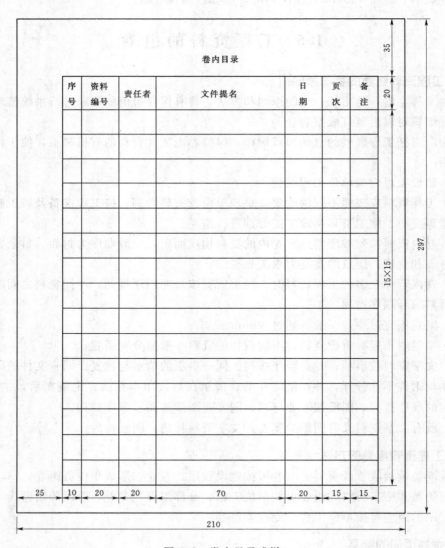

序号	资料编号	责任者	文件提名	日期	页次	备注

图 1.2　卷内目录式样

（2）序号。按卷内资料排列先后用阿拉伯数字从 1 依次标注。

（3）责任者。填写文件的直接形成单位和个人。有多个责任者时，选择两个主要责任者，其余用"等"代替。

（4）资料题名。填写文字资料和图纸名称，无标题的资料应根据内容拟写标题。

（5）资料编号。填写工程文件资料原有的文号或图号。

（6）日期。填写资料形成的日期。

（7）页次。填写资料在卷内资料首页页号。

（8）卷内目录排列在卷内文件资料首页之前。

1.5.5　卷内备考表的编制

（1）卷内备考表式样宜符合图 1.3 的要求。

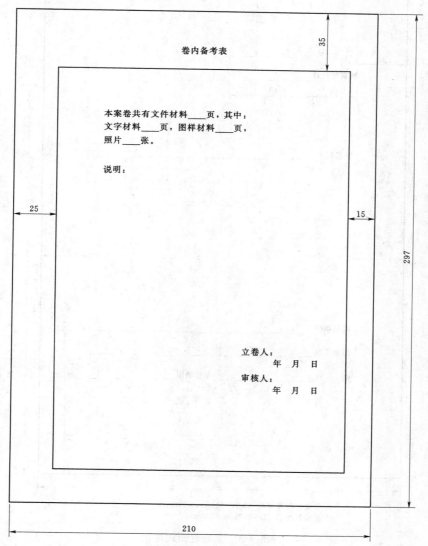

图 1.3　卷内备考表式样

（2）卷内备考表主要标明卷内文件的总页数、各类文件页数、照片张数、立卷单位的立卷人、审核人及接收单位的技术审核人，档案接收人应签字。

（3）卷内备考表排列在卷内文件的尾页之后。

（4）案卷备考表的说明，主要说明卷内文件复印件情况、页码错误情况、文件的更换情况等。没有需要说明的事项可不必填写说明。

1.5.6　案卷封面的编制

（1）案卷封面印刷在卷盒、卷夹的正表面，也可采用内封面形式。案卷封面式样宜符合图 1.4 的要求。

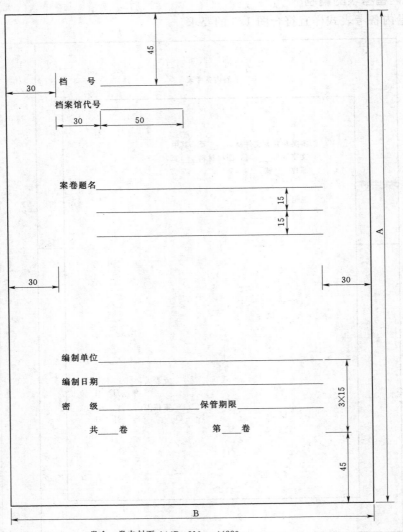

卷盒、卷夹封面 A×B=310mm×220mm
案卷封面 A×B=297mm×210mm

图 1.4　案卷封面式样

（2）案卷封面的内容应包括名称、案卷题名、编制单位、技术主管、编制日期、密级、保管期限、共几卷、第几卷。

（3）档号。应由分类号、项目号和案卷号组成。档号由档案保管单位填写。

（4）档案馆代号。应填写国家给定的本档案馆的编号。档案馆代号由档案馆填写。

（5）案卷题名。应简明、准确地提示卷内文件的内容。案卷题名应包括工程名称、专业名称、卷内文件的内容。

（6）编制单位。应填写本卷档案的编制单位并加盖公章。

（7）编制日期。填写卷内资料材料形成的起（最早）、止（最晚）日期。

（8）保管期限。由档案保管单位按照保管期限的有关规定填写。分为永久、长期、短期三种期限。永久是指工程档案需永久保存；长期是指工程档案的保存期限等于该工程的使用寿命；短期是指工程档案保存20年以下。同一案卷内有不同保管期限的文件，该案卷保管期限应从长。

（9）密级。由档案保管单位按照本单位的保密规定或有关规定填写。分为绝密、机密、秘密三种。同一案卷内有不同密级的文件，应以高密级为本卷密级。

说明：城建档案馆的分类号依据建设部《城市建设分类大纲》（建办档〔1993〕103号）编写，一般为大类号加属类号；档号按 GB/T 50323—2001《城市建设档案著录规范》编写。

1.5.7 案卷的装订

1. 案卷规格

卷内资料、封面、目录、卷内备考表统一采用 A4 幅面（297mm×210mm）的尺寸，图纸分别采用 A0（841mm×1189mm）、A1（594mm×841mm）、A2（420mm×594mm）、A3（297mm×420mm）、A4（297mm×210mm）幅面。小于 A4 幅面的资料要用 A4 白纸衬托。

2. 案卷的装具

案卷装具一般采用卷盒、卷夹两种形式。卷盒的外表尺寸为 310mm×220mm，厚度分别为 20mm、30mm、40mm、50mm。卷夹的外表尺寸为 310mm×220mm，厚度一般为 20～30mm。卷盒、卷夹应采用无酸纸制作。

3. 图纸折叠的方法

图纸折叠前要按裁图线裁剪整齐，图纸幅面要符合规定；图纸向内折叠，成手风琴风箱式；折叠后的幅面尺寸应以 4 号图纸基本尺寸为准；图章及竣工图章应露在外面。

4. 案卷装订

（1）案卷可采用装订与不装订两种形式。文字资料必须装订。图纸资料可以散装存放。

（2）装订应采用线绳三孔左侧装订，要整齐、牢固，便于保管和利用。

（3）装订时必须剔除金属物。装订线一侧根据卷宗厚度加垫草板纸。

（4）装订时，须将封面、目录、备考表、封底与案卷一起装订。图纸散装在卷盒内时，要将案卷封面、目录、备考表用线绳在左上角装订在一起。

1.6 工程资料的验收与移交

1.6.1 工程资料的验收

工程竣工验收前，参建各方单位的主管（技术）负责人，应对本单位形成的工程资料进行竣工审查；建设单位应按照国家验收规范规定和有关规定的要求，对参建各方汇总的资料进行验收，使其完整、准确。

列入城建档案馆（室）档案接收范围的工程，建设单位在组织工程竣工验收前，应提请城建档案管理机构对工程档案进行预验收。建设单位未取得城建档案管理机构出具的认可文件不得组织工程竣工验收。

验收主要包括以下内容。

（1）工程资料是否齐全、系统、完整。

（2）工程资料的内容是否真实、准确地反映工程建设活动和工程实际状况。

（3）工程资料是否已整理立卷，并符合相关标准的规定。

（4）竣工图绘制方法、图式及规格等是否符合专业技术要求，图面整洁，加盖竣工图章等情况。

（5）文件的形成、来源是否符合实际，单位或个人的签章手续完备情况等。

（6）文件材质、幅面、书写、绘图、用墨、托裱等是否符合要求。

1.6.2 工程资料的移交

（1）施工、监理等工程参建单位应将工程资料按合同或协议在约定的时间按规定的套数移交给建设单位，并填写移交目录，双方签字、盖章后按规定办理移交手续。

（2）列入城建档案馆接收范围的工程，建设单位在工程竣工验收后 3 个月内必须向城建档案馆移交一套符合规定的工程档案资料，并按规定办理移交手续。若推迟报送日期，应在规定报送时间内向城建档案馆申请延期报送，并说明延期报送的原因，经同意后方可办理延期报送手续。停建、缓建工程的档案，暂由建设单位保管。改建、扩建和维修工程，建设单位应当组织设计、施工单位根据实际情况修改、补充和完善原工程资料。对改变的部分，应当重新编制工程档案，并在工程验收后 3 个月内向城建档案馆移交。建设单位向城建档案馆移交工程档案时，应办理移交手续，填写移交目录，双方签字、盖章后交接。

第2章 工程准备阶段资料整理

工程准备阶段资料是指在工程开工以前，在立项、审批、征地、勘察、测绘、设计、招投标等工程准备阶段形成的文件。

2.1 决策立项阶段文件

立项阶段是基本建设项目最初的决策阶段，主要是完成建设项目正式立项的一系列工作。建设项目立项阶段分为项目建议书和可行性研究两个阶段。立项文件是由建设单位在工程建设前期形成的文件，主要包括建设项目建议书、建设项目建议书审批意见、前期工作通知书、可行性研究报告及附件、可行性研究报告审批意见、关于立项有关的会议纪要、领导讲话、专家建议文件、调查资料及项目评估研究、计划部门批准的立项文件及计划任务等。

2.1.1 项目建议书

项目建议书是建设单位向国家提出申请建设某一工程项目的建议文件。项目建议书、审批文件是由建设单位申报，按国家规定划定审批权限的上级部门批复，按上级审批文件直接归档。

1. 项目建议书的内容

（1）建议建设项目的必要性和依据。

（2）产品方案、拟建条件、建设地点的初步设想。

（3）资源情况、建设条件、协作关系的初步分析。

（4）投资估算和资金筹措的设想。

（5）项目的进度安排。

（6）对经济效果、投资效益的初步估计。

2. 项目建议书的审查

编制完成的项目建议书，审批前建设单位应组织有关部门和专家参与审查，经审查符合要求的项目建议书才能报请有关部门审批。

3. 项目建议书的报批

经审查合格的项目建议书，应报送上级有关主管部门审批。根据国家有关文件规定：①大型和重大建设项目由国家发改委审查，纳入国家前期工作计划；②中小型建设项目由国务院主管部门或省、自治区、直辖市的发改委审批，纳入部门和地区的前期工作计划，并报国家发改委备案。

根据国家下达的前期工作计划，经国务院主管部门和省、自治区、直辖市发改委审查批准，提出项目建议书的建设项目，发出前期工作通知书。

2.1.2　可行性研究报告及附件

可行性研究报告是由建设单位委托有资质的工程咨询单位根据可行性成果编制的综合报告。它是由主管部门组织计划、经济、设计等部门，在可行性研究的基础上选择经济效益最好的方案的文件。

1. 可行性研究报告

建设项目可行性研究报告的主要内容有以下几个方面。

（1）概述，项目提出的背景研究工作的依据和范围。

（2）需求预测和拟建规模。

（3）资源、原材料、辅助材料、燃料及公用设施落实情况。

（4）建设条件和建设方案。

（5）建设项目和设计方案。

（6）环境保护。

（7）生产组织、劳动定员和人员培训。

（8）实施进度的建议。

（9）投资估算和资金筹措。

（10）社会及经济效果评价。

2. 可行性研究报告附件

除可行性研究报告正文外，还需具备以下几个附件。

（1）选址意向书。包括选址依据和工程选址意向书。

（2）选址意见书。包括建设项目的基本情况、建设项目选址的主要依据、建设项目选址、用地范围。

（3）外协意向性协议。包括拆迁安置意向书、原材料及燃料供应意向书、动力供应意向性协议、电信协议、运输条件、配套措施和辅助设施。

（4）可行性研究报告的审批。包括审批权限、审批后文件的效力。

（5）可行性研究工作程序。

（6）建设项目立项文件。

3. 可行性研究报告审批意见

（1）可行性研究报告审批意见是对可行性研究报告的客观性、全面性、准确性进行评估与抉择，以过程形成文件和上级审批文件直接归档。

（2）项目评估研究资料，是对可行性研究报告的客观性、全面性、准确性进行评估，并提出评估报告。经批准后审批立项，下达批准文件。

（3）建设项目评估的主要内容包括建设项目的必要性、建设规模、技术设备的可靠性、工程的方案和标准、投资来源与结算、社会效益评价、项目中评价等。

（4）审批立项的有关会议纪要、专家评议、领导指示等由建设单位或上级单位组织，根据过程记录整理形成并归档。

（5）工程建设项目评估研究资料由建设单位组织汇编归档。

（6）计划任务书及其审批文件按上级批复文件归档。

4. 建设项目立项文件

建设单位根据批复的可行性研究报告，召开立项会议，组织关于立项的事宜。立项会议以纪要的形式对立项进行全面的概括阐述，对专家们立项的建议进行组织和整理，形成文件，并对项目评估做出研究。

其归档文件有：项目建议书；对项目建议书的批复文件；可行性研究报告；对可行性研究报告的批复文件；关于立项的会议纪要；领导批示，专家对项目的有关建议文件，项目评估研究资料；计划部门批准的立项文件；计划部门批准的设计任务等。

2.2 建设用地、征地、拆迁文件资料

2.2.1 工程项目选址申请及选址规划意见通知书

该资料是指城市规划管理部门最终审批的工程项目选址申请及选址规划意见通知书，此文件直接归档，按当地城市规划行政主管部门的统一表式执行。

申请建设项目选址意见书的一般程序：建设项目申请人根据申请条件、依据，向城市规划管理部门提出选址申请，填写建设项目规划审批及其他事项申报表（见表2.1）。该申请经城市规划管理部门审查，符合有关法规标准的，及时填写"选址规划意见通知书"两份。将"选址规划意见通知书"一份加盖收件专用印章后交申请人；将申请材料和"选址规划意见通知书"一份装袋，填写移交单，转交有关管理部门。

2.2.2 建设用地规划许可证及附件

建设用地规划许可证是由建设单位和个人提出建设用地申请，城市规划行政主管部门根据规划和建设项目的用地需要，确定建设用地位置、面积、界线的法定凭证。

建设单位持有按国家基本建设程序批准的建设项目立项的有关证明文件，向城市规划管理部门提出用地申请，填写规划审批申报表并准备好有关文件。

表格按当地城市规划行政主管部门的统一表式执行，以城市规划行政主管部门最终审批的文件归档；填写的申报表要加盖建设单位和申报单位公章。

规划管理部门根据城市总体规划的要求和建设项目的性质、内容，以及选址时初步确定的用地范围界线，提出规划设计条件，核发建设用地规划许可证。

2.2.3 用地申请及批准书

1. 用地征用申请书

建设单位持批准的建设项目可行性研究报告或县以上人民政府批准的有关文件，向县以上人民政府土地管理部门提出项目建设用地申请。

2. 政府批准的土地征用文件

（1）由当地人民政府有关部门批准文件形成。

（2）以政府批准的征用农田文件归档。

2.2.4 工程建设项目报建资料

凡在我国境内投资兴建的工程建设项目，包括外资、合资的工程建设项目，都必须实行报建制度，接受当地建设行政主管部门或其授权机构的监督管理。

表 2.1   **建设项目规划审批及其他事项申报表**

项目代码		（首次申报时，由规划行政主管部门填写）			
建设单位（个人）	郑重承诺：对提交的申报材料实质内容的真实性负责并依法承担相应法律责任。（盖章）			组织机构代码	
				邮政编码	
	通信地址		区（县）		
	委托代理人（或产权人）		身份证号码		
	电话		手机		
设计单位	郑重承诺：对设计文件和图纸表述内容的真实性、准确性、合法性负责，并依法承担相应法律责任（盖章）			资质等级	级
				资质证号	
	项目负责人		电话	注册建筑师证号	
申报或征询类别	行政许可事项	规划意见书（选址）	□新征（占）用地项目		
		建设用地规划许可证	□新征（占）用地项目 □临时建设用地规划许可证	□自有用地项目	
		建设工程规划许可证	□新征（占）用地项目 □城镇居民建房 □临时建设工程规划许可证	□自有用地项目 □村民建房 □外装修工程	
		变更	□变更建设用地规划许可证附件 □变更建设工程规划许可证附件	□规划意见复函	
		延续	□建设用地规划许可证 □建设工程规划许可证 □临时建设用地规划许可证 □临时建设工程规划许可证 □城镇居民建房 □村民建房 □外装修工程		
	其他事项	□规划意见书（条件） □控规调整 □规划验线 □规划验收 （□规划意见函复）	备注：申报自有用地《规划意见书（条件）》的建设项目，如涉及新增用地，你单位是（ ）否（ ）同意将《规划意见书（条件）》转为《规划意见书（选址）》。如同意将《规划意见书（条件）》转为《规划意见书（选址）》，须在取得规划意见时，补交建设单位申报委托书1份		
建设项目基本情况	项目性质		图幅号		
	建设位置		区（县）		
	建设规模	用地面积	m²	建筑面积	m²	其他	
	上阶段审批文号				
	原规划许可证件文号				

注   本表由各业务管理处（科）归档。

报建的主要内容如下。

（1）建设工程的基本情况：项目名称、地点、投资规模、资金来源、工程规模、开工及竣工日期、发包方式等。

（2）许可证：建设工程用地批准书或土地许可证、建设工程规划许可证、工程立项批准文件工程建设项目报建书等。

（3）设计图纸及合同：工程施工设计图纸、工程勘察、设计合同、工程地质勘察报告。

（4）施工企业投标能力评估报告。

（5）工程建设项目报建书。

（6）其他。

2.3 勘察、测绘、设计文件资料

2.3.1 工程地质勘察报告

工程地质勘察报告是指建设单位委托勘察设计单位按批准的建设用地规划界线勘察的工程地质勘察技术文件。工程地质勘察报告要由经国家批准的有资质等级的单位进行工程地质勘察工作后编写。

2.3.2 地形测量和拨地测量报告

指建设单位委托测绘设计单位测量结果资料。工程设计阶段的测量工作，按工作程序和作业性质主要有地形测量和拨地测量。

测量报告的内容为拨地条件、成果表、工作说明、略图、条件坐标、内外作业计算记录手簿等资料，并将拨地资料和定线成果展绘在 1：1000 或 1：500 的地形图上，建立图档。

测量成果报告是征用土地的依据性文件，也是工程设计的基础资料。一般分为地形测量和拨地测量两种。

1. 地形测量

工程建设的地形测量是指建设用地范围内的地形测量，反映地貌、水文、植被、建筑物和居民情况等。基建项目的地形测量所绘制的地形图比例尺一般为 1：1000 或 1：500。

2. 拨地测量

征用的建设用地，要进行位置测量、形状测量和周界确定，一般称为拨地测量。根据拨地条件，一般以规划部门批准的建设用地钉桩通知书中规定的条件，选定测量控制点，进行拨地导线测量、距离测量，编制征地测量报告。

2.3.3 规划设计条件通知书

建设项目立项后，建设单位应向规划行政管理部门申报规划设计条件，准备好相关文件和图纸。相关文件和图纸如下。

（1）计划部门批准的可行性研究报告。

（2）建设单位对拟建项目说明。

（3）拟建方案示意图。

（4）地形图和用地范围。

（5）其他。

规划行政主管部门对建设单位申报的规划设计条件进行审查和研究，同意进行设计时，签发《规划设计条件通知书》，作为方案设计的依据。

2.3.4　设计文件

设计文件包括初步设计图纸及说明、技术设计图纸及说明、审定设计方案通知书及审查意见、施工图设计及其说明、施工图设计审查等有关设计资料。

（1）初步设计图纸及说明。是指建设单位委托设计单位提出的初步设计阶段技术文件资料。初步设计图纸主要包括总平面图、建筑图、结构图、给水排水图、电气图、弱电图、采暖通风及空气调节图、动力图、技术与经济概算等。

初步设计说明书由设计总说明和各专业的设计说明书组成。

（2）技术设计图纸及说明。是指建设单位委托设计单位提出的技术设计阶段技术文件资料。技术设计是对初步设计的补充和深化，是对于一些技术比较复杂或有特殊要求的建设项目，以及采用新工艺、新技术的重大项目，而又缺乏设计经验的，通常增加技术设计。

（3）审定设计方案通知书及审查意见。是指有关部门或建设单位组织审查后，形成的文字资料。

（4）施工图设计及其说明。是指建设单位委托的设计单位提供施工图设计技术文件资料。施工图设计主要包括总平面图、建筑图、结构图、给水排水图、电气图、弱电图、采暖通风及空气调节图、动力图设计，预算等。

在图纸目录中先列新绘制的图纸，后列选用的标准图、通用图或重复利用图。

施工图说明书由设计总说明和各专业的设计说明书组成。

一般工程的设计说明，可分列写在有关的图纸上。如重复利用某一专门的施工图纸及其说明时，应详细注明其编制单位资料名称和编制日期。如果施工图设计阶段对初步设计有改变，应重新计算并列出主要技术经济指标表。这些表可列在总平面布置图上。

（5）施工图设计审查。是指政府有关部门和经审批成立的施工图审查机构对施工图设计文件的审批意见。

建筑工程施工图设计文件审查是为了加强工程项目设计质量的监督和管理，保护国家和人民生命财产安全，保证建设工程设计质量而实施的行政管理。

国务院《建设工程质量管理条例》规定"建设单位应当将施工图设计文件报县级以上政府建设行政部门或者其他有关部门审查"，"施工图设计文件未经审查和批准的不得使用"。目前实施的是对各类新建、改建、扩建的建筑工程项目的施工图设计文件的审查。

2.4　招 投 标 文 件

2.4.1　勘察设计招投标文件

是指建设单位选择工程项目勘察设计单位过程中所进行的招标、投标活动的文件资料。

1. 工程勘察招标

工程勘察是招标人委托有资格的勘察设计单位对建设项目的可行性研究立项选址，并作为后期设计工作提供现场的实际资料。

由于建设项目的各项条件不同，委托勘察工作的内容和科研项目也相应不同。在招标文件中勘察任务应具体明确，给出任务的数量指标。

（1）实行工程勘察招标的建设项目应具备以下条件。

1）具有经过有审批权限的机关批准的设计任务书。

2）具有建设规划管理部门同意的用地范围许可文件。

3）有符合要求的地形图。

（2）工程勘察招投标的工作程序如下。

1）办理招标登记、组织招标工作机构、组织评标小组、编制招标文件。

2）报名参加投标、对投标单位进行资格审查、领取招标文件、编制投标书并送交招标单位。

3）开标、评标、决标、选中中标通知、签订勘察合同。

2. 工程设计招标

为了保证设计指导思想连续地贯彻于设计的各个阶段，一般工程项目多采用技术设计招标或施工图设计招标，不单独进行初步设计招标，由中标的设计单位承担初步设计任务。

（1）建设项目进行项目设计招标应具备以下条件。

1）建设单位必须是法人或依法成立的组织。

2）有相应的技术、管理人员。

3）具有编制招标文件、审查投标单位资格和组织招标、开标、评标、定标的能力。

（2）进行设计招标的建设项目应具备以下条件。

1）具有经过审批机关批准的设计任务书。

2）具有工程设计所需的基础资料。

（3）设计招标的程序如下。

1）编制招标文件，发布招标广告或发出招标通知书、领取招标文件、投标单位报送申请书及提供资格预审文件，对投标者进行资格审查。

2）组织投标单位现场踏勘、对招标文件进行答疑、编制投标书并按规定送达。

3）当众开标、组织评标、确定中标单位，与中标单位签订合同。

3. 设计招标文件

招标文件通常由招标人委托有资质的中介机构准备，其内容应包括以下几个方面。

（1）投标须知：包括所有对投标要求的有关事项。

（2）设计依据文件：包括设计任务书及经批准的有关行政文件复印件。

（3）项目说明书：包括工作内容、设计范围和深度、建设周期和设计进度要求等方面内容，并告知建设项目的总投资限额。

（4）合同的主要条件。

（5）设计依据资料：包括提供设计所需资料的内容、方式和时间。

（6）组织现场考察和召开标前会议的时间、地点。

（7）投标截止日期。

（8）招标可能涉及的其他有关内容。

招标文件中，对项目设计提出明确要求的"设计要求"或"设计大纲"是最重要的文件部分，大致包括以下内容。

（1）设计文件编制的依据。

（2）国家有关行政主管部门对规划方面的要求。

（3）技术经济指标要求。

（4）平面布局要求。

（5）结构形式方面的要求。

（6）结构设计方面的要求。

（7）设备设计方面的要求。

（8）特殊工程方面的要求。

（9）其他有关方面的要求，如环境、消防等。

2.4.2　勘察设计承包合同

勘察设计承包合同是指建设单位同中标或委托的勘察设计单位签订的勘察设计合同。按建设与勘察、设计单位签订的合同文件直接归档。

2.4.3　施工招投标文件

施工招投标文件是指建设单位选择工程项目施工单位过程中所进行的招标、投标活动的文件资料。

1．招投标程序

建设工程施工招投标程序分为 3 个阶段，即招标准备阶段、招投标阶段、决标阶段。

（1）招标准备阶段。该阶段工作包括选择招标方式、办理招标备案手续、组织招标班子和编制招标有关文件。

（2）招投标阶段。该阶段工作主要是发布招标公告，资格预审，确定投标单位名单，分发招标文件以及图纸和技术资料，组织踏勘现场和招标文件答疑，接受投标文件，建立评标组织，制定评标，决标的办法。

（3）决标阶段。此阶段工作是召开开标会议，审查投标标书，组织评标，公开标底，决标前谈判，决定中标单位，发布中标通知书，签订施工承发包合同。

2．编制招标文件

招标文件主要包括以下 4 方面内容。

（1）招标公告。由招标人通过媒介发布招标公告，实行邀请招标的，应向 3 个以上符合资质条件的投标人发送投标邀请书。主要介绍招标工程项目基本情况和招标单位的情况、投标单位购买预审文件办法等有关事宜。

（2）资格预审文件。资格预审文件由资格预审须知和资格预审申请表两部分组成。资格预审须知是明确参加投标单位应知事项和申请人应具备的资历及有关证明文件；资格预审申请表是由投标人按照招标单位对投标申请人的要求条件而编写的。

（3）招标文件。招标文件是投标人编写投标书和报价的依据，文件中的各项内容应尽可能完整、详细，明确而具体，要最大限度减少误解和可能产生的争议。

（4）标底。标底一般委托工程造价单位编制。标底须报请主管部门审定，审定后应密封保存，严格保密，直到开标不得泄露。

3．编制投标文件

投标单位在正式投标前进行投标资格预审，投标单位要填写资格预审文件，申请投标，投标单位根据招标文件的要求编写投标书，投标书编制完成后在规定的期限内密封送达招标单位。

2.4.4 施工承包合同

建设工程施工合同是建设单位（招标单位）与施工单位根据有关法律、法规签订的工程施工合同。按建设单位与施工单位签订的合同直接归档。

《建设工程施工合同示范文本》中把合同分为协议书、通用条款、专用条款 3 个部分，并附有 3 个附件。

（1）协议书。合同协议书需要填写的主要内容包括工程概况、工程承包范围、合同工期、质量标准、合同价款、组成合同的文件及合同的生效时间等。

（2）通用条款。包括词语定义及合同文件、双方一般权利和义务、施工组织设计和工期、质量与检验、安全施工、合同价款与支付、材料设备与供应、工程变更、竣工验收与结算、违约、索赔和争议、其他。共 11 个部分，47 个条款。

（3）专用条款。专用条款是结合具体工程实际，经协商达成一致意见的条款，是对通用条款的具体化、补充或修改。其内容由合同当事人根据建设工程项目的具体特点和实际要求细化。

（4）附件。建设工程施工合同示范文本中附有 3 个附件，即《承包人承揽工程项目一览表》、《发包人供应材料设备一览表》和《房屋建筑工程质量保修书》。

2.4.5 监理招投标文件

1．招标文件

监理招标文件应包括以下几方面的内容，并提供必要的资料。

（1）投标须知。包括工程项目综合说明、委托的监理范围和监理业务、投标文件的编制、投标文件的递交、投标时间、评标原则等。

（2）合同条件。

（3）建设单位提供的现场办公条件（包括交通、通信、住宿、办公用房等）。

（4）对监理单位的要求（包括现场监理人员、检测手段、工程技术难点等方面）。

（5）必要的设计文件、图纸、有关资料及有关技术规定。

（6）其他事宜。

2．投标文件

投标人根据招标文件编制投标书，投标书包括以下几方面内容。

（1）投标人的资质。

（2）监理大纲。

（3）拟派项目的主要监理人员及监理人员的素质说明。

（4）监理单位提供用于工程的检测设备和仪器，或委托有关单位检测的协议。

（5）监理费报价和费用的组成。

2.4.6　建设工程委托监理合同

建设工程委托监理合同简称监理合同，是指建设单位聘请监理单位代其对工程项目进行管理，明确双方权利义务的协议。

《建设工程委托监理合同文本》由建设工程委托监理合同、标准条件、专用条件组成。

1. 建设工程委托监理合同

建设工程委托监理合同是一个总的协议，是纲领性文件。主要内容是当事人双方确认的委托监理工程的概况，合同签订、生效、完成的时间，双方愿意履行约定的各项义务的承诺，以及合同文件的组成。

2. 标准条件

标准条件内容涵盖了合同中所用词语的定义，适用范围和法规，签约双方的责任、权利和义务，合同生效、变更和终止，监理报酬。它是监理合同的通用文本，适用于各类工程建设监理委托，是所有签约工程都要遵守的基本条件。

3. 专用条件

由于标准条件适用于所有的工程建设监理委托，因此其中的某些条款规定得比较笼统，需要在签订具体工程项目的监理委托合同时，就地域特点、专业特点和委托监理项目的特点，对标准条件中的某些条款进行补充修正，形成专用条件。

2.5　开 工 审 批 文 件

2.5.1　建设工程规划许可证及附件

是指建设规划行政主管部门颁发的规划许可证和批准的文件、附图等。

1. 建设工程规划许可证申报资料

（1）年度施工任务批准文件。

（2）市政、环保、消防、文物、通信、教育、卫生等有关行政主管部门的审批意见和要求，以及取得的协议书。

（3）工程竣工档案登记表。

（4）工程设计图。包括总平面图，各层平、立、剖面图，基础平面图和设计图纸目录。

2. 建设工程规划许可证申报程序

（1）建设单位领取并填写规划审批申请表，加盖建设单位和申报单位公章。

（2）提交申报建设工程规划许可证要求中的各种资料。

（3）城市规划行政管理部门填发建设工程规划许可证立案表，作为申报建设工程规划许可证的回执。

（4）城市规划行政管理部门进行审查，对不符合规划要求的初步设计提出修改意见，发出修改工程图纸通知书，修改后重新申报。

（5）经审查合格的建设工程，建设单位在取件日期内在规划管理单位领取建设工程规划许可证。

（6）办理建设工程规划许可证要经过建设单位申请和规划行政管理部门审查批准。

建设工程规划许可证还包括建设工程规划许可证附图与附件。附图与附件由发证机关确定，与建设工程规划许可证具有同等的法律效力。

2.5.2 建设工程施工许可证申请表

建设工程开工实行许可证制度，建设单位应在工程开工前，按国家的有关规定向工程所在地县以上人民政府建设行政主管部门办理施工许可证。以当地建设行政主管部门颁发的施工许可证归存。

2.5.3 建设工程施工许可证

建设工程施工许可证是指建设行政主管部门颁发的《中华人民共和国建筑工程施工许可证》。

建设单位准备好应当提供的各种文件材料到建设行政主管部门办理建设工程施工许可证。建设行政主管部门应当自收到申请之日起 15 日内，对符合条件的申请者发给施工许可证。

2.6 工程质量监督手续

工程质量监督手续由建设单位在领取施工许可证前向当地建设行政主管部门委托的工程质量监督部门申报监备案登记。

2.6.1 建设工程质量监督报监备案登记表

建设单位应在开工前到相应的建设工程质量监督部门办理工程质量监督注册手续。

办理工程质量监督注册手续时，建设单位应提供下列文件资料。

（1）《工程规划许可证》及《工程开工审查表》。

（2）勘察、设计单位资质等级证书和工程勘察设计文件。

（3）施工图审查批准书。

（4）监理单位资质登记证书以及《工程监理通知书》。

（5）中标通知书和建设单位与施工企业签订的施工合同。

建设单位在提交上述文件后，方可办理监理注册登记并填写《建设工程质量监督注册登记表》，由监督注册部门审查符合要求后，当即办理监督注册手续，指定监督机构并发出《质量监督通知书》。然后在《建设工程开工审查表》及《建设工程质量注册登记表》的规定栏目内加盖监督机构专用章。

2.6.2 见证取样和送检见证人授权书

为了加强建设工程质量管理和监督，每个单位工程必须有 1～2 名取样和送检见证人，见证人由施工现场监理人员或由建设单位委派具有一定经验知识的专业技术人员担任。

建设单位根据建设工程质量监督的有关规定，向工程质量监督机构办理见证取样和送检见证人授权备案书，一式 4 份（质量监督机构、质量检测试验室、施工单位、见证人各 1 份）。

工程竣工后备案书存入工程档案。

见证人和送检单位对送检试验样品的真实性和代表性负法定责任。

2.7 财 务 文 件

财务文件包括工程投资估算、工程设计概算、施工图预算、施工预算、工程决算等方面的资料。

2.7.1 工程投资估算资料

投资决策阶段，由建设单位委托工程设计单位、勘察设计单位编制的工程投资估算资料，它包括从工程筹建到竣工验收、交付使用所需的全部费用。依此文件直接存档。

2.7.2 工程设计概算书

初步设计阶段，由建设单位委托设计单位，根据初步设计规定的总体布置及单项工程的主要建筑结构和设备清单编制的工程设计概算书，经批准后是确定建设项目总造价、编制投资计划、签订贷款合同、考核工程经济合理性的依据。该文件直接存档。

2.7.3 工程施工图预算书

工程招标、投标阶段，根据施工图设计确定的工程量编制工程施工图预算书。招标单位编制的施工图预算是确定标底的依据，投标单位编制的施工图预算是确定报价的依据，标底、报价是评标、决标的重要依据。施工图预算经审核后，是确定工程概算造价、签订工程承包合同的依据。该文件直接存档。

第3章 监理资料整理

建设工程监理是指监理单位受项目法人的委托，依据国家批准的工程项目文件，有关工程建设的法律、法规和工程建设监理合同及其他工程建设合同，对工程建设实施的监督管理。监理资料是在建设工程监理实施过程中形成的并由监理单位收集、整理、汇总的资料。监理资料是评定监理工作、界定监理责任的证据，其重要性不言自明，监理资料必须及时整理、真实完整、分类有序。本章按照监理的属性和主要控制环节将监理资料划分为监理管理资料、进度控制资料、质量控制资料、投资控制资料和合同管理资料等几个方面。主要讲述了各种监理资料的概念、资料表式、资料要求及填表方法等内容。

3.1 监理管理资料

3.1.1 监理大纲

监理大纲，又称监理方案或监理工作大纲，是监理单位在建设单位进行监理招标过程中，为承揽到监理业务，针对建设单位计划委托监理的工程特点，根据监理招标文件所确定的工作范围，编写的监理方案性文件。

监理大纲的具体内容如下。

（1）项目概况。

（2）监理工作的指导思想和监理工作的目标。

（3）项目监理机构的组织形式。

（4）项目监理机构的人员组成（包括主要人员情况介绍，尤其是项目总监理工程师及其代表的资质情况介绍）。

（5）监理报告（监理报表）目录及主要监理报告格式。

（6）监理人员的职责及工作制度。

（7）监理装备与监理手段。

（8）组织协调的任务和做法。

（9）信息、合同管理的工作任务和方法。

（10）质量、投资、进度控制的工作任务和方法。

为使监理大纲的内容和监理实施过程紧密结合，监理大纲的编制人员应当是监理单位经营部门或技术管理部门人员，也应包括拟定的总监理工程师。总监理工程师参与编制监理大纲，有利于今后监理规划的编制。编制监理大纲的重点主要放在监理方法、监理手段和装备这两项内容上。

3.1.2 监理规划

监理规划是监理单位接受委托监理合同后，由总监理工程师主持，专业监理工程师参加编制的指导项目监理、组织全面开展工程建设监理工作的纲领性文件。监理规划应在签订委托监理合同，即收到设计文件后开始编制，并应在召开第一次工地会议前报送建设单位。

1. 监理规划的主要内容

根据 GB 50319—2000《建设工程监理规范》的规定，监理规划至少应包括以下 12 项内容。

（1）工程项目概况。包括工程名称、建设地址、建设规模、结构类型、建筑面积、工期及开竣工日期、工程质量等级、预计工程投资总额、主要设计单位及工程总施工单位等。

（2）监理工作范围。指监理单位所承担任务的工程项目建设监理的范围。

（3）监理工作内容。应根据监理工作界定的范围制定监理工作内容。在工程项目建设的不同阶段，监理的工作内容都不相同。在项目的施工阶段，监理工作内容主要是一协调（组织协调）、二管理（信息管理、合同管理）、三控制（投资控制、质量控制、进度控制）。

（4）监理工作目标。它是监理单位所承担工作项目的投资、工期、质量等的控制目标，应按照监理合同所确定的监理工作目标来控制。

（5）监理工作依据。包括建设工程相关的法律、法规、标准，建设项目设计文件，监理大纲，委托监理合同文件以及与建设工程项目相关的合同文件。

（6）监理单位的组织形式。按照监理单位的岗位设置内容采用的组织形式，用图或表的形式表示。

（7）监理单位的人员配备计划。根据监理工作内容、工作复杂程度，配备相应层次和数量的总监理工程师、总监代表、专业监理工程师和监理员。

（8）监理单位的人员岗位职责。包括监理单位各职能部门的职责以及各类监理人员的职责分工。

（9）监理工作程序。按照 GB 50319—2000《建设工程监理规范》5.1 的规定编写。

（10）监理工作方法及措施。针对监理工作内容的不同方面制定详细的工作方法及相应的措施。

（11）监理工作制度。包括监理会议制度、信息和资料管理制度、监理工作报告制度以及其他监理工作制度。

（12）监理设施。包括由建设单位按照监理合同约定提供的设施和监理单位自备的监理设施。

2. 监理规划的编制依据

（1）建设工程的相关法律、法规及项目审批文件。

（2）与建设工程项目有关的标准、设计文件、技术资料。

（3）监理大纲、委托监理合同文件以及与建设工程项目相关的合同文件。

（4）工程地质、水文地质、气象资料、材料供应、勘察、设计、施工、交通、能源、市政公用设施等方面的资料。

（5）工程报建的有关批准文件、招投标文件及国家、地方政府对建设监理的规定。

（6）勘察、设计、施工、质量检验评定等方面的规范、规程、标准等。

3.1.3 监理实施细则

监理实施细则是在监理规划的基础上，对各种监理工作如何具体实施和操作进一步系统化和具体化。

1. 编制监理实施细则的一般要求

监理实施细则一定要根据不同工程对象有针对性地编写。

（1）对中型及以上或专业性较强的工程项目，监理单位应编制监理实施细则；对规模较小或小型的工程可将监理规划编制得详细一点，不再另行编写监理实施细则。

（2）监理实施细则应符合监理规划的要求，并应体现监理单位对所监理的工程项目的专业特点，做到详细具体。在专业技术、管理和目标控制方面有具体要求的，应分别编制。

（3）监理实施细则编制程序、依据和主要内容应符合 GB 50319—2000《建设工程监理规范》4.2.2 和 4.2.3 的要求。

（4）监理实施细则应由专业监理工程师编写，并经总监理工程师批准。

（5）监理实施细则必须在相应工程开始前编制完成。当发生某分部或单位工程按专业划分构成一个整体的局部或施工图未出齐就开工等情况时，可按工程进展情况分阶段编写监理实施细则。

（6）在监理工作实施过程中，监理实施细则应根据实际情况进行补充、修改和完善。

2. 监理实施细则的编制内容

（1）针对专业工程的特点提出的具体监理方法或措施。

（2）针对监理工作的流程提出的相应环节的控制要点。

（3）监理工作的控制要点及目标值。

（4）阐明具体的监理工作方法及措施。

3.1.4 监理会议纪要

监理会议纪要是按施工监理过程中召开的监理会议内容经整理形成文件，包括工地例会纪要和专题会议纪要。工地例会是总监理工程师定期主持召开的工地会议，专题会议是为解决施工过程中的各种专项问题而召开的不定期会议，由总监理工程师或其授权的监理工程师主持，工程项目各主要参建单位参加，会议应有主要议题。

1. 资料表式

资料表式见表 3.1。

2. 填表说明

（1）"主要内容"应简明扼要地写清楚会议的主要内容及中心议题（即与会各方提出的主要事项和意见），工地例会还包括检查上次例会议定事项的落实情况。

（2）"会议决定"应写清楚会议达成的一致意见、下步工作安排和对未解决问题的处理意见。

（3）会议纪要必须及时记录、整理，记录内容齐全。对会议中提出的问题，记录准确，技术用语规范，文字简练明了。

（4）会议纪要由监理单位起草，总监理工程师审阅，与会各方代表签字。

（5）会议记录必须有会议名称、主持人、参加人、会议时间、地点、会议内容、参加人员签章。

表 3.1　　　　　　　　　　　×××× 会议纪要

工程名称：　　　　　　　　　　　　　　　　　　　　　　　　　　　　　编号：

时间： 地点： 主持人： 与会单位及人员：
主要内容：
会议决定：
到会人员签字：
记录人：　　　　　　年　月　日

3.1.5　监理工作联系单

监理工作联系单是指在施工过程中，与监理有关各方的工作联系用表，即与监理有关的某一方需向另一方或几方告知某一事项，或督促某项工作，或提出某项建议时发出的联系文件。要注意的是，联系单不是指令，也不是监理通知，对方执行情况不需要书面回复时均用此表。资料表式见表 3.2。

表 3.2　　　　　　　　　　　监 理 工 作 联 系 单

工程名称：　　　　　　　　　　　　　　　　　　　　　　　　　　　　　编号：

致： 事由： 内容：   　　　　　　　　　　　　　　　　　　　单位（章）： 　　　　　　　　　　　　　　　　　　　负责人： 　　　　　　　　　　　　　　　　　　　日　期：

3.1.6 监理工程师通知单

监理工程师通知单是指监理单位认为在工程实施过程中需要将建设、设计、勘察、施工、材料供应等各方应知的事项发出的监理文件。监理工程师现场发出的口头指令及要求，也应采用此表予以确认。

1. 资料表式

资料表式见表3.3。

表 3.3 监理工程师通知单

工程名称：		编号：
致：		
事由：		
内容：		
	监理单位（章）： 总/专业监理工程师： 日　期：	

2. 资料说明

（1）本表由监理单位填写，必须及时、准确，通知内容完整，技术用语规范，文字简练明了。需附图时，附图应简单易懂，且能反映附图的内容。

（2）监理单位必须加盖公章和总监理工程师签字，不得代签和加盖手章，不签字无效。

（3）"致"指监理单位发给某单位的单位名称；"事由"指通知事项的主题（发生问题的部位，问题的性质，提出问题的依据）；"内容"指通知事项的详细说明和对施工单位的工作要求、指令等。

3.1.7 监理日记

监理日记指由专业监理工程师和监理员书写，以单位工程为记载对象，从工程开始到工程竣工止，记载内容保持连续完整的一种监理管理文件。

监理日记有不同角度的记录，项目总监理工程师可以指定一名监理工程师对每天总的情况进行记录，统称为项目监理日记；专业监理工程师可以从专业的角度进行记录；监理员可以从负责的单位工程、分部工程、分项工程的具体部位施工情况进行记录。侧重点不同，记录的内容、范围也不同。

1. 资料表式

资料表式见表3.4。

表 3.4　　　　　　　　　　　监 理 日 记

工程名称：　　　　　　　　　　　　　　　　　　　　　编号：

日　　期		气　　象		最高与最低温度	
施工部位				风力	
当日施工主要内容记录：					
主要事项记载：					
监理工程师				记录人	

2. 资料要求

（1）监理日记以单位工程为记录对象，从工程开工之日起至工程竣工日止，由专人或相关人逐日记载，记载内容应保持其连续性和完整性。

（2）监理日记必须及时记录、整理，应做到记录内容齐全、详细、准确，真实反映当天的具体情况；技术用语规范，文字简洁清晰。监理人员巡检、专检或工作后应及时填写并签字。不得补记，不得隔页或扯页，以保持其原始记录。

（3）表中"施工主要内容记录"指施工单位参与施工的施工人数、作业内容及部位，使用的主要施工设备、材料等；对主要的分部、分项工程开工、完工做出标记。

（4）表中"主要事项记录"指记载当日的监理工作内容和有关事项。

（5）监理日记应使用统一制定的表格形式，每册封面应标明工程名称、册号、记录时间段及建设、设计、施工、监理单位名称，并由总监理工程师签字。

3.1.8　旁站监理记录

旁站是指监理人员对施工中的关键部位、关键工序的质量实施全过程的现场跟班监督活动。旁站监理人员实施旁站监理时，发现施工单位有违反工程建设强制性标准行为时，有权责令施工单位立即改正；严重时，应及时向监理工程师或总监理工程师报告。旁站监理记录是监理工程师行使有关签字权的重要依据。旁站监理记录表经监理单位审查后以表格或当地建设行政主管部门授权部门下发的表格归存。

1. 资料表式

资料表式见表 3.5。

2. 资料要求

（1）旁站监理必须坚决执行并记录，记录应及时、准确；内容完整、齐全，技术用语规范，文字简洁清晰。

（2）旁站监理记录是监理工程师或总监理工程师依法行使其签字权的重要依据。对于需要旁站监理的关键部位、关键工序施工，凡没有实施旁站监理或者没有旁站监理记录的，监理工程师或总监理工程师不得在相应文件上签字。

（3）经工程师验收后，应当将旁站监理记录存档备查。

（4）签字及盖章必须齐全，不得代签和加盖手章，不签字无效。

表 3.5 　　　　　　　　　　　旁 站 监 理 记 录

工程名称：		编号：
日期及气候：	工程地点：	
旁站监理的部位或工序：		
旁站监理开始时间：	旁站监理结束时间：	
施工情况：		
监理情况：		
发现问题：		
处理意见：		
备注：		
施工单位： 质检员（签字）： 　　　　年　　月　　日	监理单位： 旁站监理人员（签字）： 　　　　年　　月　　日	

3.1.9 监理月报

监理月报是在工程施工过程中监理单位就工程实施情况和监理工作定期向建设单位所作的报告。

1. 监理月报的主要内容

（1）本月工程概况。

（2）本月工程形象进度。

（3）工程进度。

1）本月实际完成情况与计划进度比较；

2）对进度完成情况及采取措施效果的分析。

（4）工程质量。

1）本月工程质量情况分析；

2）本月采取的工程质量措施及效果。

（5）工程计量与工程款支付。

1）工程量审核情况；

2）工程款审批情况及月支付情况；

3）工程款支付情况分析；

4）本月采取的措施及效果。

（6）合同其他事项的处理情况。

1）工程变更；

2）工程延期；

3）费用索赔。

（7）本月监理工作小结。

1）对本月进度、质量、工程款支付等方面情况的综合评价；

2）本月监理工作情况；

3）有关本工程的意见和建议；

4）下月监理工作的重点。

2. 编制监理月报的基本要求

（1）监理月报应真实反映工程现状和监理工作情况，做到重点突出、数据准确、语言简练，并附有必要的资料图片。

（2）监理月报报送时间由监理单位和建设单位协商确定。一般来说监理月报的编制周期为上月 26 日到本月 25 日，在下月 5 日前发出。

（3）监理月报一般采用 A4 规格纸编写。

（4）监理月报应由项目总监理工程师组织编制，签认后报送建设单位和本监理单位。

（5）监理月报的封面由项目总监理工程师签字，并加盖监理单位公章。

3. 编写监理月报注意事项

（1）月报的内容要本着实事求是的原则真实编写，要求表达有层次，突出重点，多用数据说明，文字要简练，按提纲要求逐项编写。

（2）提纲中开列的各项内容编排顺序不得任意调换或合并；各项内容如本期未发生，应将项目照列，并注明"本期未发生"。

（3）月报中参加工程建设各方的名称作如下统一规定。

1）建设单位：不使用"业主、甲方、发包方、建设方"。

2）施工单位：不使用"乙方、承商、承包方"；可使用"总包单位"和"分包单位"；施工单位分包的建筑队一律称"包工队"；施工单位派驻施工现场的执行机构统称"项目经理部"。

3）监理单位：不使用"监理方"；监理单位派驻施工现场的执行机构统称"项目监理部"。一般不宜单独使用"监理"一词，应具体注明所指为"监理公司"、"监理单位"、"项目监理部"、"监理人员"或者"监理工程师"。

4）设计单位：不使用"设计院、设计、设计人员"等。

（4）各种技术用语应与各种设计、标准中所用术语相同。

（5）月报底稿要求字体工整，不得潦草，使用规范的简体汉字，使用国家标准规定的计量单位，如 m、cm²、t 等，不使用中文计量单位名称，如千克、吨、米、平方厘米等；文中出现的数字一律使用阿拉伯数字，如"地下 3 层"、"第 10 层"，不使用"地下三层"、"第十层"等。

（6）文稿中所用的图表及文件，要求字迹及图表线条清楚，一律使用黑色或蓝黑色墨水或黑色圆珠笔，不得使用铅笔或红蓝铅笔。各种表格的表号不得任意变动，不得自行增减栏目，也不得颠倒各栏目的排列顺序，以免打印时发生错误。

（7）各项图表填报的依据及各表格中填报的统计数字，均应由监理工程师进行实地调查或进行实际计量计算，如需施工单位提供时，也应进行审查与核对无误后自行填写，严禁将图表、表格交施工单位任何人员代为填报。

（8）各项目监理部编写的监理月报稿，应按目录顺序排列，各表格应排列至相应适当位置，并装订成册，经总监理工程师检查无误并签认后再打印。

3.1.10 工程质量评估报告

工程质量评估报告是监理单位对被监理工程的单位（子单位）工程施工质量进行总体评价的技术性文件。

1. 资料表式

资料表式见表3.6。

表 3.6　　　　　　　　　　　　　**建设工程质量评估报告**

工程名称：　　　　　　　　　　　　　　　　　　　　　　　　　　监理单位：

工程名称		工程地址		
面积/层数	m²/　　层　　结构形式		建筑总高度	m
开、竣工日期		工程造价		
建设单位		勘察单位		
施工单位		设计单位		
监理单位		监理资质		
工程监理概况：				
项目监理人员及专业分工：				
监理过程中履行职责情况：				
进场材料、设备见证试验情况：				
检验批分项、分部、单位工程质量预验收情况（程序、执行强制性条文、整改复查、验收结果）：				
安全和功能性抽查检测情况：				
工程观感质量检查情况：				
设计变更、设计核定情况：				
质量事故（问题）处理情况：				
工程资料（施工、监理）核查情况：				
工程质量评估意见：				
项目总监理工程师签章：　　　　　　　　　　报告编写人签章：				
单位技术负责人签章：				
年　　月　　日				

2. 资料要求

（1）监理单位应在工程完成且于验收评定后1周内完成。

（2）工程质量评估报告是在被监理工程预验收后，由总监理工程师组织专业监理工程师编写。

（3）工程监理质量评估经监理单位对竣工资料及实物全面检查、验收合格后，由总监理工程师签署工程竣工报验单，并向建设单位提出质量评估报告。

（4）工程质量评估报告由总监理工程师和监理单位技术负责人签字，并加盖监理单位公章。

3.1.11 监理专题报告

监理专题报告是施工过程中监理单位就某项工作、某一问题、某一任务或某一事件向建设单位所作的报告。

监理专题报告应用点明报告的事由和性质，主体内容应详尽地阐述发生问题的情况、原因分析、处理结果和建议。

监理专题报告由报告人、总监理工程师签字，并加盖监理单位公章。施工过程中的合同争议、违约处理等可采用监理专题报告，并附有关记录。

3.1.12 监理工作总结

监理工作总结是指监理单位对履行委托监理合同情况及监理工作的综合性总结。监理工作总结由总监理工程师组织监理单位有关人员编写，由项目总监理工程师、监理单位负责人签字盖章，并在施工阶段监理工作结束时，由监理单位向建设单位提交。

监理工作总结的主要内容包括：工程概况、勘察及设计技术文件简况、施工单位项目组织状况、建设监理现场机构设置与实际变化过程、投资、质量、进度控制与合同管理的措施与方法、材料报验和工程报验情况、监理工作情况、经验与教训、工程交付使用后的注意事项等。

3.2 进 度 控 制 资 料

3.2.1 工程开工报审表

详见"4.1.1 工程开工报审表"。

3.2.2 施工进度计划（调整计划）报审表

施工进度计划报审表是由施工单位根据已批准的施工总进度计划，按承包合同约定或监理工程师的要求编制的施工进度计划，报监理单位审查、确认和批准的资料。

1. 资料表式

资料表式见表3.7。

2. 资料说明

（1）"工程施工进度计划"前填写所报进度计划的时间和工程的名称。

（2）"附件"指报审的工程施工进度计划，包括编制说明、形象进度、工程量、机械、劳动力计划。

表 3.7　　　　　　　　　　　　　　施工进度计划报审表

工程名称：　　　　　　　　　　　　　　　　　　　　　　　　　　　编号：

致：＿＿＿＿＿＿＿＿＿＿＿＿＿＿（监理单位） 　　兹上报＿＿＿＿年＿＿＿＿季＿＿＿＿月＿＿＿＿＿＿工程施工进度计划，请审查批准。 附件： 施工进度计划（包括编制说明、形象进度、工程量、机械、劳动力计划）。 　　　　　　　　　　　　　　　　　　　　施工单位（章）： 　　　　　　　　　　　　　　　　　　　　项目经理： 　　　　　　　　　　　　　　　　　　　　日　　期：	
监理工程师审查意见： 　　　　　　　　　　　　　　　　　　　　监理工程师： 　　　　　　　　　　　　　　　　　　　　日　　期：	
总监理工程师审核意见： 　　　　　　　　　　　　　　　　　　　　监理单位（章）： 　　　　　　　　　　　　　　　　　　　　总监理工程师（章）： 　　　　　　　　　　　　　　　　　　　　日　　期：	

（3）"监理工程师审查意见"指对施工进度计划，主要审核其与所批准总进度计划的开、完工时间是否一致；主要工程内容是否有遗漏，各项施工计划之间是否协调；施工顺序的安排是否符合施工工艺要求；材料、设备、施工机械、劳动力、水电等生产要素供应计划能否保证进度计划的需要，供应是否均衡；对建设单位提供的施工条件的要求是否准确、合理。

（4）"总监理工程师审核意见"要求简要说明同意或不同意的原因和理由，提出建议、修改、补充的意见。

（5）本表由施工单位填报，加盖公章，项目经理签字，经专业监理工程师审查，符合要求后报总监理工程师批准后签字有效，加盖监理单位公章。

（6）施工单位提请施工进度计划报审，提供的附件应齐全真实，对任何不符合附件要求的资料，施工单位不得提请报审，监理单位不得签发报审表。

3.2.3 工程暂停令

工程暂停令是指施工过程中某一个或几个部位工程质量不符合标准要求的质量问题，

发生了需要返工或停工处理时暂时停止施工的指令性文件，由监理单位下发。

1. 资料表式

资料表式见表3.8。

表 3.8 **工 程 暂 停 令**

工程名称： 编号：

致：＿＿＿＿＿＿＿＿＿＿（施工单位） 由于：
原因，现通知你方必须于＿＿＿＿年＿＿＿＿月＿＿＿＿日＿＿＿＿时起，对本工程的＿＿＿＿＿＿＿＿部位 （工序）实施暂停施工，并按下述要求做好各项工作：
  　　　　　　　　　　　　　　　　　　监理单位（章）： 　　　　　　　　　　　　　　　　　　总监理工程师： 　　　　　　　　　　　　　　　　　　日　　期：

2. 资料说明

（1）本表由监理单位填写、下发，办理必须及时、准确，通知内容完整，技术用语规范，文字简练明了。

（2）工程暂停令由监理工程师提出建议并经总监理工程师批准，总监理工程师应根据暂停工程的影响范围和影响程度，依据 GB 50319—2000《建设工程监理规范》6.1.2，按照承包合同和委托监理合同的约定，经建设单位同意后下发。

（3）工程暂停指令监理单位必须加盖公章和总监理工程师签字，不得代签和加盖手章，不签字无效。

（4）因试验报告单不符合要求下达停工指令时，应注意在指令中说明试验编号，以备核对。

（5）表中"致＿＿＿＿＿＿（施工单位）"应填写施工该单位工程的施工单位名称，按全称填写；"由于"后面应简明扼要地准确填写工程暂停原因；"＿＿＿＿＿＿＿＿部位（工序）"应填写本暂停令所停工工程项目的范围；"要求做好各项工作"指工程暂停后要求施工单位所做的有关工作，如对停工工程的保护措施，针对工程质量问题的整改、预防措施等。

3.3 质 量 控 制 资 料

3.3.1 施工组织设计（方案）报审表

施工组织设计（方案）报审表是施工单位根据承接工程特点编制的实施施工的方法和措施，提请监理单位批复的文件资料。

1. 资料表式

资料表式见表3.9。

表 3.9 　　　　　　　　　　　　　　**施工组织设计（方案）报审表**

工程名称：

编号：

致：＿＿＿＿＿＿＿＿＿＿＿＿＿＿（监理单位）
我方已根据施工合同的有关规定完成了＿＿＿＿＿＿工程施工组织设计（方案）的编制，并经我单位上级技术负责人审查批准，请予以审查。
附件：施工组织设计（方案）。
施工单位（章）： 　　　　　　　　　　　　　　　　　　项目经理： 　　　　　　　　　　　　　　　　　　日　　期：
专业监理工程师审查意见：   　　　　　　　　　　　　　　　　　专业监理工程师： 　　　　　　　　　　　　　　　　　　日　　期：
总监理工程师审核意见：   　　　　　　　　　　　　　　　　　监理单位（章）： 　　　　　　　　　　　　　　　　　总监理工程师： 　　　　　　　　　　　　　　　　　　日　　期：

2. 资料说明

（1）施工单位提送报审的施工组织设计（方案），文件内容必须具有全面性、针对性和可操作性，编制人、单位技术负责人必须签字，报送单位必须加盖公章；施工组织设计应符合施工合同要求。

（2）本表由施工单位填报，监理单位的专业监理工程师审核，总监理工程师签发。需经建设单位同意时，应经建设单位同意后签发。

（3）如经批准的施工组织设计（方案）发生改变，监理单位要求将变更方案报送时也采用此表。

（4）表中"＿＿＿＿＿＿工程施工组织设计（方案）"填写相应的建设项目、单位工程、分部工程、分项工程或关键工序名称；"附件"指需要审批的施工组织总设计、单位工程施工组织设计或施工方案；"审查意见"指专业监理工程师对施工组织设计（方案）内容审查后所得出的结论；"审核意见"是由总监理工程师对专业监理工程师的审查意见进行审核确认并签字、盖章。

3.3.2　施工测量放线报验单

施工测量放线报验单是监理单位对施工单位的工程或部位的测量放线进行报验的确认和批复。

专业监理工程师应实地查验放线精度是否符合标准要求，施工轴线控制桩的位置、轴线和高程的控制标志是否牢靠、明显等。经审核、查验合格后，签认施工测量报验申请表。

1. 资料表式

资料表式见表 3.10。

表 3.10　　　　　　　　　　　　　　　　施工测量放线报验单

工程名称：　　　　　　　　　　　　　　　　　　　　　　　　　　　编号：

致：＿＿＿＿＿＿＿＿＿＿＿＿（监理单位）
　　我单位已完成＿＿＿＿＿＿（工程或部位名称）的放线工作，经自检合格，清单如下，请予查验。

专职测量人员岗位证书编号：
测量设备鉴定证书编号：
附件：测量放线依据材料及放线成果。

工程或部位名称	放 线 内 容	备 注

施工单位（章）：
项目经理：
日　期：

专业监理工程师审查意见：
　　□ 查验合格
　　□ 纠正差错后再报

监理单位（章）：
总监理工程师：
日　期：

2. 资料说明

（1）本表由施工单位填报，加盖公章，项目经理签字，经专业监理工程师初审符合要求后签字，由总监理工程师最终审核加盖监理单位公章，经总监理工程师签字后执行。

（2）施工测量报审应提送：专职测量人员岗位证书及测量设备鉴定证书、测量放线依据材料及放线成果，并认真填写工程或部位名称和放线内容。

（3）资料内必须附图时，附图应简单易懂，且能全面反映附图内容的质量。

（4）表中内容包括以下方面。

1）"工程或部位的名称"指工程定位测量时填写工程名称，轴线、标高测量时填写被测项目部位名称。

2）"专职测量人员岗位证书编号"指承担这次测量放线工作的专职测量人员岗位证书编号。

3）"测量设备鉴定证书编号"指这次放线工作所用测量设备的法定检测部门的鉴定证书编号。

4）"测量放线依据材料及放线成果"中"依据材料"指施工测量方案、建设单位提供的红线桩、水准点等材料，"放线成果"指施工单位测量放线所放出的控制线及其施工测量放线记录表。

5）"放线内容"指测量放线工作内容的名称，如轴线测量、标高测量等。

6）"备注"内容应为施工测量放线使用测量仪器的名称、型号、编号。

7）"专业监理工程师审查意见"由专业监理工程师先行审查，填写审查意见和审查日期，并签字。

3.3.3 工程材料/构配件/设备报验表

工程材料/构配件/设备报验表是施工单位对拟进场的主要工程材料、构配件、设备，在自检、复试、测试合格后报监理单位进行进场验收，并将复试结果及出厂质量证明文件作为附件报监理单位审核、确认，进而给予批复的文件。

1. 资料表式

资料表式见表 3.11。

2. 资料说明

（1）本表由施工单位填报，由监理单位审查。报验表内的施工单位、监理单位均盖章，不盖章无效。以专业监理工程师签字有效，不盖章、监理工程师不签字无效。

（2）表中内容包括以下方面。

1）"工程名称"指报验的材料、构配件、设备拟用于的单位工程名称。

2）"拟用于部位"指工程材料、构配件、设备拟用于工程的具体部位。

3）"数量清单"按表列括号内容用表格形式按单位工程需用量填报。

4）"质量证明文件"指生产单位提供的证明工程材料/构配件/设备质量的证明资料。

5）"自检结果"指施工单位的进场验收记录、复试报告和监理单位见证取样证明。

6）"审查意见"需专业监理工程师经对所报资料审查，与进场实物核对和观感质量验收，全部符合要求的，将"不符合"、"不准许"、"不同意"用横线划掉；否则，将"符合"、"准许"、"同意"用横线划掉，并指出不符合要求之处。

表 3.11 **工程材料/构配件/设备报验表**

工程名称： 编号：

致： _____（监理单位）
　　我方于_____年_____月_____日进场的工程材料/构配件/设备数量如下（见附件）。现将质量证明
文件及自检结果报上，拟用于下述部位：

　　_____

　　_____

请予以审核。
附件：1. 数量清单（名称、产地、规格、数量）；
　　　2. 质量证明文件；
　　　3. 自检结果（复试报告等）。

　　　　　　　　　　　　　　　　　　　施工单位（章）：

　　　　　　　　　　　　　　　　　　　项目经理：

　　　　　　　　　　　　　　　　　　　日　　期：

审查意见：
　　经检查上述工程材料/构配件/设备，符合/不符合设计文件和规范的要求，准许/不准许进场，同意/不同意
使用于拟定部位。

　　　　　　　　　　　　　　　　　　　监理单位（章）：

　　　　　　　　　　　　　　　　　　　总/专业监理工程师：

　　　　　　　　　　　　　　　　　　　日　　期：

3.3.4　工程报验单

工程报验单是监理单位对施工单位自检合格后报验的检验批、分项工程、分部（子分
部）工程报验的处理确认和批复。

1. 资料表式

资料表式见表 3.12。

2. 资料说明

（1）本表由施工单位填报，加盖公章，项目经理签字，经专业监理工程师初审符合要
求后签字，由总监理工程师最终审核加盖监理单位章，经总监理工程师签字后执行。

（2）表列附件的材料必须齐全真实，对任何不符合报验条件的工程项目，施工单位不
得提请报审监理单位，不得签发报审表。

（3）资料内必须附图，附图应简单易懂，且能全面反映附图质量。

（4）本表是分项、分部（子分部）工程的报验通用表式。报验时应按实际完成的工程
名称填写。

（5）用于施工放样报验申请时，应附有施工单位的施工放样成果。

表 **3.12**

工 程 报 验 单

工程名称：   编号：

致：＿＿＿＿＿＿＿＿＿＿＿＿（监理单位） 　　我单位已完成了＿＿＿＿工程，按设计文件和有关规范进行了自检，质量合格。请予以审查和验收。 附件：1. 工程质量控制资料； 　　　2. 安全和功能检测报告； 　　　3. 观感质量验收记录； 　　　4. 隐蔽工程验收记录； 　　　5. 质量验收记录。   　　　　　　　　　　　　　　　施工单位（章）： 　　　　　　　　　　　　　　　项目经理： 　　　　　　　　　　　　　　　日　期：
审查意见：   　　　　　　　　　　　　　　　监理单位（章）： 　　　　　　　　　　　　　　　总/专业监理工程师： 　　　　　　　　　　　　　　　日　期：

（6）表中"审查意见"是由监理单位对所报分项、分部（子分部）工程进行认真核查，确认资料是否齐全、填报是否符合要求，并根据现场实际检查情况按表式项目签署审查意见，分部工程由总监理工程师组织验收并签署验收意见。

3.3.5　工程竣工预验报验单

工程竣工预验报验单是施工单位向建设单位和监理单位提请，当工程项目确已具备了交工条件后对该工程项目进行初验的申请。

总监理工程师组织项目监理人员根据有关规定与施工单位共同对工程进行检查验收，合格后总监理工程师签署《工程竣工预验报验单》并及时报告建设单位，编写《工程质量评估报告》。

1. 资料表式

资料表式见表 3.13。

2. 资料说明

（1）检验批及分项、分部工程数量必须齐全，企业技术负责人对单位工程已组织有关人员进行了验收，并达到合格以上标准。据此，施工单位根据初验结果向建设、监理单位提请预验。

（2）本表由施工单位填报，监理单位的总监理工程师审查并签发。

（3）施工单位提交的工程竣工预验收报验的附件内容，保证工程技术资料必须齐全、真实，施工单位加盖公章，项目经理必须签字。

表 3.13   **工程竣工预验报验单**

工程名称：   编号：

致：_____（监理单位）

    根据合同规定，我方已完成了_____工程项目的全部施工内容，经自检，符合合同及设计要求和施工规范要求，且技术资料齐全，现报请竣工预验，请予以检查和验收。

附件：

施工单位（章）：

项目经理：

日   期：

审查意见：

    经初步审查，该工程：

    1. 构成单位工程的各分部工程全部/未全部验收合格；

    2. 文件资料完整/不完整，符合/不符合有关规定；

    3. 符合/不符合设计文件要求；

    4. 符合/不符合施工合同要求。

    经核查，该工程初步验收合格/不合格，可以/不可以组织正式验收。

说明：

监理单位（章）：

总监理工程师：

日   期：

（4）表中内容包括以下方面。

1）"工程项目"指施工合同签订的达到竣工要求的工程名称。

2）"附件"指用于证明工程按合同约定完成并符合竣工验收要求的全部竣工资料。

3）"审查意见"由总监理工程师组织专业监理工程师按现行的单位（子单位）工程竣工验收的有关规定逐项进行核查，并对工程质量进行预验收，根据核查和预验收结果，将"未全部"、"不完整"、"不符合"或"全部"、"完整"、"符合"用横线划掉；全部符合要求的，将"不合格"、"不可以"用横线划掉。否则，将"合格"、"可以"用横线划掉，并在说明栏中向施工单位列出符合、不符合项目的理由和要求。

3.3.6 工程质量事故报告单

    当施工过程中发生了工程质量问题（事故）时，施工单位应及时向监理单位报告，并就工程质量的有关情况填写本报告用表。

    1. 资料表式

    资料表式见表 3.14。

表 3.14   **工程质量问题（事故）报告单**

工程名称：   编号：

致：_____（监理单位） _____年_____月_____日_____时_____分，在_____发生工程质量问题（事故），报告如 下：_____ 1. 经过、后果，原因分析（初步调查现场结果或现场报告）：   2. 性质：   3. 造成损失：   4. 应急措施：   5. 初步处理意见：   施工单位（章）： 项目经理： 日　　期：

2. 资料说明

（1）本表由施工单位填报，项目经理签字。

（2）事故内容及处理方法应填写具体、清楚。

（3）注明质量事故日期及处理日期。

（4）有当事人及有关领导的签字。

3.3.7　工程质量事故处理方案报审表

工程质量事故处理方案报审是施工单位在对工程质量事故详细调查、研究的基础上，提出处理方案后报监理单位的审查、确认和批复。

1. 资料表式

资料表式见表 3.15。

2. 资料要求

（1）本表由施工单位填报，由设计单位提出意见，总监理工程师审查同意后签署批复意见，施工单位、设计单位、监理单位均必须盖章，不盖章无效。

（2）监理单位应对处理方案的实施进行检查监督，对处理结果进行验收。

3.3.8　工程质量整改通知

工程质量整改通知是指分项工程未达到质量检验评定要求，已经检查发现时，在下达《监理通知》两次后，施工单位未按时限要求改正或不按专业监理工程师下达的《监理通知》要求改正时，由监理单位下达的文件。

1. 资料表式

资料表式见表 3.16。

表 3.15 **工程质量事故处理方案报审表**

工程名称：　　　　　　　　　　　　　　　　　　　　　　　　　　　　　　　编号：

致：＿＿＿＿＿＿＿＿＿＿＿＿＿＿＿（监理单位）（建设单位） 　　＿＿＿＿年＿＿＿＿月＿＿＿＿日＿＿＿＿时，在＿＿＿＿发生＿＿＿＿工程质量事故，已于＿＿＿＿年＿＿＿＿月＿＿＿＿日提出《工程质量事故报告单》，现报上处理方案，请予以审查。   附件：1. 工程质量事故调查报告； 　　　2. 工程质量事故处理方案。   　　　　　　　　　　　　　　　　　施工单位（章）： 　　　　　　　　　　　　　　　　　　项目经理： 　　　　　　　　　　　　　　　　　　日　期：

设计单位意见： 　　　　　设计单位（章）： 　　　　　　　设计人： 　　　　　　　日　期：	总监理工程师（建设单位项目负责人）批复意见： 　　　　　监理单位（建设单位）（章）： 　　　　　　　总监理工程师： 　　　　　　　日　期： 　　　　　（建设单位项目负责人）： 　　　　　　　日　期：

表 3.16 **工 程 质 量 整 改 通 知**

工程名称：　　　　　　　　　　　　　　　　　　　　　　　　　　　　　　　编号：

致：＿＿＿＿＿＿＿＿＿＿＿＿＿（施工单位） 　　经试验/检验表明＿＿＿＿＿＿＿＿＿部位，不符合＿＿＿＿＿＿＿＿＿规定，现通知你方，要求：＿＿＿＿＿＿   附：试验（检验）证明。   　　　　　　　　　　　　　　　　　监理单位（章）： 　　　　　　　　　　　　　　　　　总/专业监理工程师： 　　　　　　　　　　　　　　　　　　日　期：

52

2. 资料要求

（1）工程质量整改通知必须及时发出，整改内容齐全，问题提出准确，技术用语规范，文字简洁清晰。

（2）工程质量整改通知必须由监理单位加盖公章，经专业监理工程师签字，总监理工程师审核同意签字后发出，不得代签和加盖手章，不签字无效。

（3）该表不适用于分部工程。分部工程是不能返修加固的，因为一个分部工程不仅涉及一个分项，而是涉及到若干个分项，分部工程若允许返修，质量将难以控制。

3.3.9 工程变更单

工程变更单是在施工过程中，建设单位、施工单位提出工程变更要求，报监理单位审核确认的用表。

1. 资料表式

资料表式见表 3.17。

表 3.17 　　　　　　　　　　 工 程 变 更 单

工程名称：　　　　　　　　　　　　　　　　　　　　　　　　　　 编号：

致：_____（监理单位） 由于_____原因，兹提出_____工程变更（内容见附件），请予以审批。 附件：   提出单位（章）： 提出单位负责人： 日　期：
审查意见：

建设单位（章）：	设计单位（章）：	监理单位（章）：	施工单位（章）：
代表签字：	代表签字：	代表签字：	代表签字：
日　期：	日　期：	日　期：	日　期：

2. 资料说明

（1）本表由提出单位填写，经建设、设计、监理、施工等单位协商同意并签字后为有效工程变更单。

（2）工程变更单、设计变更必须经建设单位同意，由设计单位出具设计变更通知；洽商变更必须经建设、监理、施工三方签章，否则为不符合要求。

（3）表中内容。"原因"是指引发工程变更的原因；"提出_____工程变更"栏填写要求工程变更的部位和变更项目；"附件"应包括工程变更的详细内容、变更的依据、工程变更对工程各方面影响等；"提出单位"指提出工程变更的单位；"审查意见"指监理单位经与有关方协商达成的一致意见。

3.3.10 混凝土浇灌申请书

施工单位在做好各项准备工作，具备浇灌混凝土之前应填写《混凝土浇灌申请书》，报送监理单位核查签发。

监理单位应认真核查混凝土浇灌的各项准备工作是否符合要求，并组织相关专业的施工人员共同核验。当全部符合要求并具备浇灌混凝土的条件时，签发《混凝土浇灌申请书》，要求相关专业的施工负责人也要会签。

1. 资料表式

资料表式见表 3.18。

表 3.18　　　　　　　　　　混 凝 土 浇 灌 申 请 书

施工单位：　　　　　　　　　　　　　　　　　　　　　　　　　　　编号：

工程名称										施工依据	
浇灌混凝土量										申请浇灌部位	
混凝土强度等级										技术要求	
申请浇灌时间		年　　月　　日　　时								混凝土配比单编号	
		至　年　　月　　日　　时									
批准浇灌时间		年　　月　　日　　时								材料质量认证	
		至　年　　月　　日　　时									
混凝土搅拌方式		现场搅拌			商品混凝土		浇灌条件		钢筋工程验收		
混凝土输送形式		吊运			泵送				模板工程验收		
养护措施									预留（埋）件验收		
施工会签栏	土建								机械工具准备		
	电气								施工组织		
	水暖								保温准备		
	材料								其他		
施工单位		（签章） 项目负责人：　　　　　质检员： 　　　　　年　　月　　日										
会签栏	土建： 电气： 管道： 设备：						监理单位签发		监理工程师签字： 监理机构（签章）： 　　　　　年　　月　　日		
备注											

2. 资料说明

（1）本表由施工单位填写，报送监理单位核查签发，监理单位签字盖章有效。

（2）表中内容包括以下方面。

1）"施工依据"栏填写依据的施工图纸及设计变更文件的编号；"技术要求"栏填写合同约定的对混凝土的技术要求。

2）"混凝土搅拌方式和输送形式"栏应在相应栏内打"√"。

3）"材料质量认证"栏应填写《材料/构配件/设备报验单》的编号。

4）"钢筋、模板、预留（埋）件验收"栏应填写相关《＿＿＿＿＿＿＿工程检验批质量验收记录》的编号。

5）"施工会签栏"由混凝土浇灌施工时各参与部门负责人签字。

6）"施工单位"栏由施工项目负责人和质检员签字以示负责，加盖项目机构公章。

7）"会签栏"由相关专业，如土建、电气、管道、设备安装等施工负责人核验并签字。

3.3.11 监理抽检记录

当监理工程师对施工质量或材料、设备、工艺等有怀疑时，可以随时进行抽检，并填写《监理抽检记录》。监理在抽检过程中如发现工程质量有不合格项，应填写《工程质量整改通知单》，通知施工单位进行整改并进行复检，直到合格为止。资料表式见表 3.19。

表 3.19　　　　　　　　　　监 理 抽 检 记 录

编号：

工程名称		抽检日期	
施工单位		监理单位	

检查项目：

检查部位：

检查数量：

检查结果：

处理意见：

监理单位（章）：

监理工程师：

总监理工程师：

年　　月　　日

3.3.12　施工试验见证取样汇总表

本表为监理单位的见证人员在见证试验完成，各试验项目的试验报告齐全后，分类收集、汇总整理时填写的资料。

有见证取样和送检的各项目，凡未按规定送检或送检次数达不到要求的，其工程质量应由有相应资质等级的检测单位进行检测确定。资料表式见表 3.20。

表 3.20　　　　　　　　　　　　　施工试验见证取样汇总表

工程名称：　　　　　　　　　　材料名称：　　　　　　　　编号：

序号	产地、型号	进场数量	进场时间／取样时间	代表批量	使用单位	委托单位编号	检测报告编号	检测结果	不合格材料处理意见	取样员	见证员

3.3.13　检验批、分项工程质量验收抽查记录表

监理工程师监理过程中对工程质量有怀疑时，可以随时进行抽验，并填写《检验批、分项工程施工质量验收记录》（记录表格见表 4.44 和表 4.45）。监理工程师对检验批、分项工程质量验收抽查记录可以作为监理工程师对检验批、分项工程质量验收和要求工程质量整改的依据。

3.4　投 资 控 制 资 料

3.4.1　工程款支付申请表

工程款支付申请是施工单位根据监理单位对施工单位自验合格后且经监理机构验收合格的工程量计算应收的工程款的申请。

1. 资料表式

资料表式见表 3.21。

2. 资料说明

（1）工程款支付申请由施工单位填报，施工单位提请工程款支付申请时，提供的附件（工程量清单、计算方法）必须齐全、真实。

表 3.21   **工 程 款 支 付 申 请 表**

工程名称：   编号：

致：_____（监理单位）

    我方已完成了_____工作，按施工合同的规定，建设单位应在____年____月____日前支付该项工程款共（大写）_____（小写：_____），现报上_____工程付款申请表，请予以审查并开具工程款支付证书。

附件：1. 工程量清单（工程量清单报审表）；
         2. 计算方法。

                                        施工单位（章）：

                                        项目经理：

                                        日   期：

（2）工程款支付申请施工单位必须盖章并由项目经理签字。

（3）施工单位统计报送的工程量必须是经专业监理工程师质量验收合格的工程，才能按施工合同的约定填报工程量清单和工程款支付申请表。

（4）施工单位报送的工程量清单和工程款支付申请表，专业监理工程师必须按施工合同的约定进行现场计量复核，并报总监理工程师审定。

（5）总监理工程师指定专业监理工程师对工程款支付申请中包括合同内工作量、工程变更增减费用、经批准的费用索赔、应扣除的预付款、保留金及施工合同约定的其他支付费用等项目应逐项审核，并填写审查记录，提出审查意见报总监理工程师审核签认。

3.4.2 工程款支付证书

    工程款支付证书是监理单位在收到施工单位的《工程款支付申请表》后，根据承包合同规定对已完成工程或其他与工程有关的付款事宜审查复核后签署的，用于建设单位应向施工单位支付工程款的证明文件。

    1. 资料表式

    资料表式见表 3.22。

    2. 资料说明

（1）本表是监理单位根据施工单位提请报审的《工程款支付申请表》的审查结果填写的工程款支付证书，由总监理工程师签字并加盖监理机构公章后报建设单位。

（2）工程款支付证书的办理必须及时、准确，内容填写完整，文字简练明了。

（3）表中内容包括以下方面。

1）"建设单位"指施工承包合同中的发包人。

2）"施工单位申报款"指施工单位向监理机构申报《工程款支付申请表》中申报的工程款额。

表 3.22
工 程 款 支 付 证 书

工程名称：　　　　　　　　　　　　　　　　　　　　　　　　　编号：

致：＿＿＿＿＿＿＿＿＿＿＿＿＿＿＿＿＿（建设单位）

　　根据施工合同的规定，经审核施工单位的付款申请和报表，并扣除有关款项，同意本期支付工程款共（大写：＿＿＿＿＿＿）（小写：＿＿＿＿＿＿）。请按合同规定及时付款。

其中：1. 施工单位申报款为：

　　　2. 经审核施工单位应得款为：

　　　3. 本期应扣款为：

　　　4. 本期应付款为：

附件：1. 施工单位的工程款支付申请表及附件；

　　　2. 监理单位审查记录。

监理单位（章）：

总监理工程师：

日　　期：

　　3)"经审核施工单位应得款"指经专业监理工程师对施工单位向监理机构填报的《工程款支付申请表》审核后核定的工程款额，包括合同内工程款，工程变更增减费用、经批准的索赔费用等。

　　4)"本期应扣款"指根据承包合同的约定，本期应扣除的预付款、保留金及其他应扣除的工程款的总和。

　　5)"本期应付款"指经审核施工单位应得款扣除本期应扣款的余额。

　　6)"施工单位的工程款支付申请表及附件"指施工单位向监理机构申报的《工程款支付申请表》及其附件。

3.4.3　工程变更费用报审表

　　工程变更费用报审表是指由于建设、设计、监理、施工任何一方提出的工程变更，经有关方确认工程数量后，计算出的工程价款提请报审、确认和批复。

　　1. 资料表式

　　资料表式见表 3.23。

　　2. 资料说明

　　(1) 本表由施工单位填报，项目经理签字，并加盖公章，由监理单位审查，专业监理工程师提出审查意见，总监理工程师签字有效，加盖监理机构公章。

　　(2) 施工单位提请工程变更费用报审，提供的附件应齐全真实。对任何不符合附件要求的资料，施工单位不得提请报审，监理单位不得签发报审表。

表 3.23   **工程变更费用报审表**

工程名称：   编号：

致：_____（监理单位）
 	
  兹申报_____年_____月_____日第_____号的工程变更单，申请费用见附表，请审核。
 	
  附件：工程变更费用计算书。
 	
<div style="text-align:right">施工单位（章）：
项目经理：
日 期：</div>

监理工程师审查意见：   <div style="text-align:right">监理工程师： 日 期：</div>
审核意见：   <div style="text-align:right">监理单位（章）： 总监理工程师： 日 期：</div>

3.4.4 工程竣工结算审核意见书

工程竣工结算审核意见书是指总监理工程师签发的工程竣工结算文件或提出的工程竣工结算合同争议的处理意见。

工程竣工结算审查应在工程竣工报告确认后依据施工合同及有关规定进行。

竣工结算审查程序应符合 GB 50319—2000《建设工程监理规范》5.5.2 的规定。当工程竣工结算的价款总额与建设单位和施工单位无法协商一致时，应按 GB 50319—2000《建设工程监理规范》6.5 的规定进行处理，提出工程竣工结算合同争议处理意见。

工程竣工结算审核意见书的基本内容包括以下方面。

（1）合同工程价款、工程变更价款、费用索赔合计金额、依据合同规定施工单位应得的其他款项。

（2）工程竣工结算的价款总额。

（3）建设单位已支付工程款、建设单位向施工单位的费用索赔合计金额、质量保修金额、依据合同规定应扣施工单位的其他款项。

（4）建设单位应支付金额。

3.5 合同管理资料

3.5.1 工程临时延期报审表

工程临时延期报审表是指监理单位依据施工单位提请报审的工程临时延期的确认和批复。

1. 资料表式

资料表式见表 3.24。

表 3.24　　　　　　　　　　　　　　　　工程临时延期报审表

工程名称：　　　　　　　　　　　　　　　　　　　　　　　　　　　编号：

致：＿＿＿＿＿＿＿＿＿＿＿＿＿＿（监理单位） 　　根据施工合同条款＿＿＿＿＿条的规定，由于＿＿＿＿＿原因，我方申请工程延期，请予以批准。 附件：1. 工程延期的依据及工期计算： 　　　　合同竣工日期： 　　　　申请延长竣工日期： 　　　2. 证明材料。 　　　　　　　　　　　　　　　　施工单位（章）： 　　　　　　　　　　　　　　　　项目经理： 　　　　　　　　　　　　　　　　日　　期：
审查意见： 　　□ 暂时同意工期延长＿＿＿日历天。使竣工日期（包括已指令延长的工期）从原来的＿＿＿月＿＿＿日延迟到＿＿＿ 年＿＿＿月＿＿＿日，请你方执行。 　　□ 不同意延长工期，请按约定竣工日期组织施工。 说明：   　　　　　　　　　　　　　　　　监理单位（章）： 　　　　　　　　　　　　　　　　总监理工程师：

2. 资料说明

（1）本表由施工单位填报，加盖公章，项目经理签字，经专业监理工程师初审符合要求后，由总监理工程师最终审核加盖监理单位章，经总监理工程师签字后执行。

（2）施工单位提请工程临时延期报审时，提供的附件包括工程延期的依据及工期计算、合同竣工日期、申请延长竣工日期、索赔金额的计算。证明材料应齐全真实，对任何不符合附件要求的资料，施工单位不得提请报审，监理单位不得签发报审表。

（3）表中主要内容包括以下方面。

1）"根据施工合同条款＿＿＿＿＿条的规定"填写提出工期索赔所依据的施工合同条目。

2）"由于＿＿＿＿＿原因"填写导致工期拖延的事件。

3）"工期延期的依据及工期计算"指索赔所依据的施工合同条款、导致工程延期事件的事实、工程拖延的计算方式及过程。

4)"合同竣工日期"指建设单位与施工单位签订的施工合同中确定的竣工日期或已最终批准的竣工日期。

5)"申请延长竣工日期"指"合同竣工日期"加上本次申请延长工期后的竣工日期。

6)"证明材料"指导致工程延期的原因、计算依据等有关证明文件。

7)"审查意见"指专业监理工程师对所报资料进行审查,与监理同期记录进行核对、计算,并将审查情况报告总监理工程师。总监理工程师同意临时延期时,在暂时同意工期延长前"□"内划"√",延期天数按核实天数;否则,在不同意延长工期前"□"内划"√"。其中,"使竣工日期"指"合同竣工日期";"延迟到的竣工日期"指"合同竣工日期"加上暂时同意延期天数后的日期。

8)"说明"指总监理工程师同意或不同意工程临时延期的理由和依据。

3.5.2 费用索赔报审表

费用索赔报审表是施工单位向建设单位提出费用索赔的报审提请项目监理机构审查、确认和批复的资料。总监理工程师应在施工合同约定的期限内签发《费用索赔报审表》。

1. 资料表式

资料表式见表 3.25。

表 3.25 费 用 索 赔 报 审 表

工程名称: 编号:

致:＿＿＿＿＿＿＿＿＿＿＿＿（监理单位） 　　根据施工合同条款＿＿＿＿条的规定,由于＿＿＿＿的原因,我方要求索赔金额(大写)＿＿＿＿＿元,请予以批准。 附件:1. 索赔的详细理由及经过; 　　　2. 索赔金额的计算; 　　　3. 证明材料。 　　　　　　　　　　　施工单位(章): 　　　　　　　　　　　项目经理: 　　　　　　　　　　　日　　期:
审查意见: 　□不同意此项索赔。 　□同意此项索赔,金额为(大写)＿＿＿＿＿。 　　同意/不同意索赔的理由: 索赔金额的计算: 　　　　　　　　　　　监理单位(章): 　　　　　　　　　　　总监理工程师: 　　　　　　　　　　　日　　期:

2. 资料说明

(1) 施工单位提请报审费用索赔提供的附件：索赔的详细理由及经过、索赔金额的计算、证明材料必须齐全真实，对任何形式的不符合费用索赔的内容，施工单位不得提出申请。

(2) 施工单位必须加盖公章，项目经理签字；监理单位必须加盖公章，总监理工程师、专业监理工程师分别签字。

(3) 本表由施工单位填报，监理单位的总监理工程师签发。

(4) 表中主要内容包括以下方面。

1)"根据施工合同条款_____条的规定"填写提出费用索赔所依据的施工合同条目。

2)"由于_____的原因"填写导致费用索赔的事件。

3)"索赔的详细理由及经过"指索赔事件造成施工单位直接经济损失，索赔事件是由于非施工单位的责任发生的详细理由及事件经过。

4)"索赔金额的计算"指索赔金额计算书。

5)"证明材料"指上述两项所需的各种凭证。

6)"审查意见"由专业监理工程师对所报资料进行审查，与监理同期记录核对、计算，并将审查情况报告总监理工程师。不满足索赔条件的，总监理工程师在不同意此项索赔前"□"内划"√"；满足索赔条件的，总监理工程师应分别与建设单位、施工单位协商，达成一致或总监理工程师公正地自主决定后，在同意此项索赔前"□"内划"√"，并填写商定（或自主决定）的金额。

7)"同意/不同意索赔的理由"指总监理工程师同意、部分同意或不同意索赔的理由和依据。

3.5.3　工程最终延期审批表

工程最终延期审批表是在影响工期事件全部结束后，监理单位在详细研究并评审影响工期的全部事件及其对工程总工期影响的基础上，批准施工单位最终有效延期时间的资料。

1. 资料表式

资料表式见表 3.26。

2. 资料说明

(1) 工程最终延期审批监理单位必须加盖公章，经专业监理工程师签字，总监理工程师审核同意签字后发出，不得代签和加盖手章，不签字无效。

(2) 本表由监理单位填写，总监理工程师或专业监理工程师签字后下发。

(3) 表中主要内容包括以下方面。

1)"根据施工合同条款_____条的规定，我方对你方提出的_____工程延期申请……"分别填写处理本次延长工期所依据的施工合同条目和施工单位申请延长工期的原因。

2)"第_____号"填写施工单位提出的最后一个（工程临时延期报审表）编号。

3) 若不符合承包合同约定的工程延期条款或计算不影响最终工期，监理单位在不同意延长工期前"□"内划"√"，需延长工期时在同意延长工期前"□"内划"√"。

表 3.26　　　　　　　　　　　　　　　工程最终延期审批表

工程名称：　　　　　　　　　　　　　　　　　　　　　　　　　　编号：

致：＿＿＿＿＿＿＿＿＿＿＿＿（施工单位） 　　根据施工合同条款＿＿＿＿条的规定，我方对你方提出的＿＿＿＿工程延期申请（第＿＿＿＿号）要求延长工期日历天的要求，经过审核评估： □ 最终同意工期延长——日历天。使竣工日期（包括已指令延长的工期）从原来的＿＿年＿＿月＿＿日延迟到＿＿年＿＿月＿＿日。请你方执行。 □ 不同意延长工期，请按约定竣工日期组织施工。 说明：   　　　　　　　　　　　　　　　监理单位（章）： 　　　　　　　　　　　　　　　总监理工程师： 　　　　　　　　　　　　　　　日　　期：

4）同意工期延长的日历天数为由于影响工期事件原因使最终工期延长的总天数。

5）原竣工日期指承包合同签订的工程竣工日期或已批准修改的竣工日期。

第4章 施 工 资 料 整 理

工程施工管理资料包括工程开工报告、工程概况表、施工组织设计（施工方案）、施工现场质量管理检查记录、技术交底小结、施工日志、预检工程（技术复核）记录、工程竣工施工总结、工程质量保修书以及竣工图等内容。

工程施工管理资料的内容及分类见表4.1。

表 4.1   工程施工管理资料的内容

序号	资 料 名 称	序号	资 料 名 称
1	工程开工报审表	6	预检工程（技术复核）记录
2	施工组织设计（施工方案）	7	工程竣工施工总结
3	施工现场质量管理检查记录	8	工程质量保修书
4	技术交底记录	9	竣工图
5	施工日志		

4.1 工程施工管理资料的整理

施工资料是施工技术管理、质量管理的重要组成部分，是对工程进行竣工验收、检查、维修、管理、使用、改建的重要依据。施工资料全面反映了工程的质量状况。本章主要包括工程施工管理资料、工程质量保证资料、工程施工质量验收资料、工程安全和功能检验资料等整理要求。

4.1.1 工程开工报审表

开工报审表是建设单位与施工单位共同履行基本建设程序的证明文件，是施工单位承建单位工程施工工期的证明文件。

施工单位在开工前，应对工程是否满足开工条件进行检查，若符合以下条件，则可向监理单位提出开工申请。

（1）政府主管部门已颁发施工许可证。

（2）征地拆迁工作能满足工程进度的需要。

（3）施工图纸及有关设计文件已齐备。

（4）施工组织设计已经通过监理单位审定，并经该项目的总监理工程师签字批准。

（5）施工场地、道路、水、电、通信、施工设备及施工材料已可以满足开工要求，地下障碍物已清理或查明。

（6）测量控制桩已经监理单位复查合格。

（7）施工、管理人员已按计划到位，项目质量、技术管理的组织机构和管理制度已经建立。

（8）专职管理人员（质检员、技术员等）和特种作业人员（起重工、电焊工等）已取得有效上岗证件。

1. 资料表式

资料表式见表4.2。

表 4.2 工程开工报审表

工程名称：　　　　　　　　　　　　　　　　　　　　编号：

致： 　　我方承担的_____工程，已完成了以下各项工作，具备开工条件，特此申请施工，请核查并签发开工指令。 附件：1. 开工报告； 　　　　2. 证明文件。   施工单位（章）： 项目经理： 日　期：
审查意见：   监理工程师： 日　期：
审批意见：   监理单位（章）： 总监理工程师： 日　期：

2. 资料要求

（1）开工报审表一般由施工单位填写，报监理单位审批。如果由建设单位直接分包的工程，开工时也要填写开工报审表。

（2）施工单位应签章（与施工合同中签章一致），并由项目经理（与施工合同中一致）签字，然后报该监理单位进行审批。

（3）监理单位收到施工单位的工程开工报审表后，应对施工单位的开工准备情况进行逐一审查，如经监理单位审查，符合开工条件，由监理单位总监理工程师签字、加盖公章后即可开工。工期应以此批准日期起计算。

4.1.2 施工组织设计（施工方案）

施工组织设计是指施工单位开工前为工程所做的施工组织、施工工艺、施工计划等方面的设计，是指导拟建工程全过程中各项活动的技术、经济和组织的综合性文件。

1. 施工组织设计的主要内容

（1）工程概况和工程特点。建设地点、工程名称、工程性质、结构型式、建筑面积、投资、施工条件、工作量以及主要分项工程量，交付生产、使用的期限。

（2）施工准备工作计划。是根据施工部署和施工方案的要求及施工总进度计划的安排编制的，主要内容为：熟悉与会审图纸、编制施工组织设计和施工预算、新技术项目的试验申请，测量放线、土地征用、居民拆迁和拆除障碍物、场地平整、临时道路和临时供水供电及供热等管线的敷设、进行计划和技术交底、组织施工机具和材料及半成品等进场等。

（3）施工部署及相应的技术组织措施。即为全局性的施工总规划，根据工期要求和机械设备、材料、劳动力的供应情况以及当地条件和环境因素等合理确定施工顺序，合理确定主要分部、分项的施工方法，合理划分检验批。落实各项管理人员和施工质量、安全措施，积极推广新工艺、新技术等。

（4）主要施工方法及各项资源需要量计划。根据工程特点，确定主要施工方法；根据工程预算、定额和施工进度计划，合理确定材料、劳动力、机具设备、构件半成品需要计划，保证工程进度按计划实施。

（5）工程质量、进度保证措施。

（6）施工总进度计划。是根据施工部署和施工方案合理定出各主要建筑物的施工期限及其相互衔接或对穿插配合情况作出安排，合理划分施工流水段，对编制的进度计划表，应及时进行检查和调整。

（7）施工总平面图。施工平面图是施工组织设计的主要组成内容之一，它是把建设区域内的建筑物、构筑物以及施工现场的材料仓库、道路运输、给水、排水、供电、测量基准点等分别绘制在建筑总平面图上的规划和布置图。

2. 要求说明

（1）施工组织设计或实施方案内容应齐全，步骤清晰、层次分明。

（2）反应工程特点，有保证工程质量的技术措施。

（3）编制及时，必须在工程开工前编制并报审完成，没有或不及时编制单位工程施工组织设计的，为不符合要求。

（4）参编人员应在"会签表"上签字，交项目经理签署意见并在会签表上签字，经报审同意后执行并进行下发交底。

4.1.3 施工现场质量管理检查记录

施工现场质量检查记录是施工单位在工程开工前向监理机构提出对有关制度、技术组织与管理等进行检查和确认的记录。施工现场质量检查记录是健全的质量管理体系的具体要求。

1. 资料表式

资料表式见表 4.3。

表 4.3　　　　　　　　　　　　　　施工现场质量管理检查记录

开工日期：

工程名称			施工许可证（开工证）		
建设单位			项目负责人		
设计单位			项目负责人		
监理单位			总监理工程师		
施工单位		项目经理		项目技术负责人	
序号	项　　　　　目			内　　　容	
1	现场质量管理制度				
2	质量责任制				
3	主要专业工种操作上岗证书				
4	分包方资质与对分包单位的管理制度				
5	施工图审查情况				
6	地质勘察资料				
7	施工组织设计、施工方案及审批				
8	施工技术标准				
9	工程质量检验制度				
10	搅拌站及计量设置				
11	现场材料、设备存放与管理				
12					

检查结论：

总监理工程师

（建设单位项目负责人）　　　　　　　　　　　　　　　　　　　　年　月　日

2. 主要内容

（1）现场管理制度。主要是图纸会审、设计交底、技术交底、施工组织设计编制审批程序、工序交接、质量检查奖惩制度、质量例会制度以及质量问题处理制度等。

（2）质量责任人的分工：检查质量负责人的分工，各项质量责任的落实规定，定期检查及有关人员奖罚制度等。

（3）主要专业工种操作上岗证书。如测量工、焊工、架子工、垂直运输司机等建筑结构工种。

（4）专业分包应有相应的资质。在有分包的情况下，总施工单位应有管理分包单位的制度，主要是质量、技术的管理制度。

（5）施工图审查情况。主要看建设行政主管部门出具的施工图审查批准书及审查机构出具的审查报告。

（6）地质勘察资料。是指有勘察资质的单位出具的正式地质勘察报告。

（7）施工组织设计及审批。是指检查编写内容、有针对性的具体措施，编制程序、内容，有编制、审核、批准单位，并有贯彻执行的措施。

（8）施工技术标准。是保证工程质量的基础和操作的依据，施工单位应编制不低于国家质量验收规范的操作规程和企业标准。要有批准程序，由企业的总工程师、技术委员会负责人审查批准，有批准日期、执行日期、企业标准编号及标准名称。可作为培训工人、技术交底和施工操作的主要依据，也是进行质量检查评定的标准。

（9）工程质量检验制度。包括 3 个方面的检查：一是原材料、设备的进场检验制度；二是施工过程的试验报告；三是竣工后的抽查检测，应专门制订抽测项目、抽测时间等计划。为使监理、建设单位都做到心中有数，可以单独做一个计划，也可以在施工组织设计中列出此项内容。

（10）搅拌站及计量设施。主要是现场的计量设施管理制度及其精确度的控制措施，预拌混凝土或安装专业没有此项内容。

（11）现场材料、设备存放与管理。是为保证材料、设备质量的必备措施，要根据材料、设备的性能制定管理制度，建立相应的库房等。

3. 资料要求

（1）表列项目，内容必须填写完整。

（2）工程名称应填写工程的全称，与合同或招投标文件中的工程名称一致，建设、设计、监理单位的名称也应与合同签章上的单位名称相同，各单位有关负责人必须签字。

（3）应填写施工单位的施工许可证号。

（4）检查结论应填写"现场管理制度完整"或"现场管理制度基本完整"（指有制度但不完善，如缺少企业标准或措施不全面等）。由总监理工程师填写，签字有效。达不到以上条件不允许施工，施工单位应限期整改。

（5）表头部分可统一填写，不需具体人员签名，只是明确负责人地位。

4.1.4 技术交底记录

技术交底是施工企业进行技术、质量管理的一项重要环节，是把设计要求、施工措施、安全生产贯彻到基层的一项管理办法。

1. 资料表式

资料表式见表4.4。

表 4.4 **技 术 交 底 记 录**

工程名称		交底部位	
工程编号		日　期	
交底内容：			
技术负责人：　　　　　　交底人：　　　　　　　　　　接交人：			

2. 主要内容

（1）图纸交底。包括工程的设计要求，地基基础、主要结构和建筑上的特点、构造做法与要求，抗震处理，设计图纸的轴线、标高、尺寸、预留孔洞、预埋件等具体事项，砂浆、混凝土、砖等材料和强度要求和使用功能，要做到掌握设计关键，认真按图施工。

（2）施工组织设计交底。将施工组织设计的全部内容向施工人员交待，主要包括工程特点、施工部署、施工方法、操作规程、施工顺序及进度、任务划分、劳动力安排、平面布置、工序搭接、施工工期、质量标准及各项管理措施。

（3）设计变更和工程洽商交底。在工程施工过程中，由于图纸本身差错或图纸与实际情况不符，或由于材料、施工条件发生变化等原因，会对图纸的部分内容作出修改。为避免在施工中发生差错，必须对设计变更、洽商记录或对其他形式的图纸变动文件（如图纸会审、设计补充说明通知等）向管理和施工人员做统一说明，进行交底。

（4）分项工程技术交底。分项工程技术交底是各级技术交底的关键，应在各分项工程施工前进行。主要内容为施工准备、操作工艺、技术安全措施、质量标准，新技术工程的特殊要求、劳动定额，材料消耗等。

（5）安全交底。必须实行逐级安全技术交底，纵向延伸到班组全体作业人员。主要包括本工程项目的施工作业特点和危险点，针对危险点的具体预防措施，应注意的安全事项，相应的安全操作规程和标准，发生事故后应及时采取的避难和急救措施。

3. 资料要求

（1）按设计图纸要求，严格执行施工验收规范要求及安全技术措施。

（2）结合本工程的实际情况及特点，提出切实可行的新技术、新方法，交底应清楚明确。

（3）签章齐全，责任制明确。没有各级人员的签章为无效。

（4）技术交底书符合要求，按施工图设计要求详细填写，并逐一列出，交底内容齐全、交底时间及时为正确；没有技术交底资料或后补为补正确。

（5）交底技术负责人、交底人、接收人均应有本人签字，只有当签字齐全后方可生效，并发至施工班组。

4.1.5　施工日志

施工日志是施工过程中，由管理人员对有关工程施工、技术管理、质量管理活动及其效果逐日作出的具有连续完整性的记录。施工日志从开工持续到竣工，贯穿整个施工过程。

1. 资料表式

资料表式见表 4.5。

表 4.5　　　　　　　　　　　　施 工 日 志

编号：

工程名称			施工单位		
分部（分项）工程			施工班组		
日期		星期		全天气象		气　温
施工部位		出勤人数			白　天	夜　间
当日施工内容		质量检查情况		操作负责人		质检员
存在问题及处理办法：						
设计变更、技术交底						
隐蔽工程验收部位						
材料使用情况						
材料设备进场情况						
材料检验、试块留置						
工序交接检查情况						
机械使用情况						
安　全						
其　他						
专业施工工长						

2. 主要内容

（1）工程施工准备工作的记录，包括现场准备、施工组织设计学习、技术交底的重要内容及交底的人员、日期、施工图纸中的关键部位等重要问题等。

（2）进入施工以后对班组抽检活动的开展情况及其效果，组织互检和交接检的情况及效果，施工组织设计及技术交底的执行情况及效果的记录和分析。

（3）分项工程质量评定、质量检查，隐蔽工程验收、预检及上级组织的检查等技术活动的日期、结果、存在问题及处理情况记录。

（4）原材料检验结果、施工检验结果的记录，包括日期、内容、达到的效果及未达到要求等问题和处理情况及结论。

（5）质量、安全、机械事故的记录，包括原因、调查分析、责任者、处理情况及结论，对经济损失、工期影响等要记录清楚。

（6）有关洽商、变更情况，交待的方法、对象、结果的记录。

（7）有关归档资料的整理、交接的记录。

（8）有关新工艺、新材料的推广使用情况，以及小革新、小窍门的活动记录，包括项目、数量、效果及有关人员。桩基应单独记录并上报核查。

（9）工程的开、竣工日期以及主要分部、分项的施工起止日期。

（10）工程重要分部的特殊质量要求和施工方法。

（11）有关领导或部门对工程所做的生产、技术方面的决定或建议。

（12）气温、气候、地质以及其他特殊情况（如停水、停电、停工）的记录等。

（13）在紧急情况下采取的特殊措施的施工方法，施工记录由单位工程负责人填写。

（14）混凝土、砂浆试块的留置组数、时间以及28d的强度试验结果。

（15）其他重要事项。

3. 资料要求

（1）要求对单位工程从开工到竣工的整个施工阶段进行全面记录，要求内容完整，能全面反映工程进展情况。

（2）施工记录、桩基记录、混凝土浇灌记录、模板拆除等，应单独记录，分别列报。

（3）审核要求填写施工单位项目经理部的技术负责人。

（4）按要求及时记录，内容齐全为正确；内容补齐全，没有记录为不正确。

4.1.6 预检工程记录

预检工程（技术复核）记录是指在施工前对某些重要分项（项目）准备工作或前道工序进行的预先检查的记录。及时进行工程预检是保证工程质量、防止重大质量事故的重要环节。

1. 资料表式

资料表式见表4.6。

2. 主要内容

（1）建筑物位置线。包括红线、坐标、建筑物控制桩、轴线桩，标高、水准点，并附平面示意图，重点工程附测量原始记录。

表 4.6 预 检 工 程 检 查 记 录

工程名称			施工单位		
检查项目			预检范围		
预检内容					
检查情况					
处理意见					
参 加 检 查 人 员 签 字					
施工项目技术负责人	测量员	质检员	施工员	班组长	填表人

(2) 基础尺寸线。包括基础轴线、断面尺寸、标高（槽底和垫层）等。

(3) 模板。包括几何尺寸、轴线标高、预埋件位置、预留孔洞位置、模板牢固性、模板清理等。

(4) 墙体。包括各层墙身轴线，门、窗洞口位置，皮数杆及 50cm 水平线。

(5) 桩基定位的控制点。

(6) 翻样检查。

(7) 设备基础。包括其位置、标高、几何尺寸、预留孔洞、预埋件等。

(8) 主要管道、沟的标高和坡度，各层地面基层、屋面找平层的坡度等。

3. 资料要求

(1) 应准确提供预检资料内容，并按检查后的实际结果提出检查意见。

(2) 预检后有问题需要复查时，由委托单位提出，应写明二次复检的检查意见。

(3) 专业技术负责人、测量员、质检员、施工员等均要签字。

4.1.7　工程竣工施工总结

工程竣工施工总结是施工单位在工程竣工前就工程的施工情况作出的总结。同时应附一份工程竣工报告，提请建设单位组织竣工验收。

1. 资料表式

资料表式见表4.7。

表 4.7　　　　　　　　　　　竣　工　报　告

施工许可证号：　　　　　　　　　　　　　　　　　　　　　　　编号：

工程名称		结构类型			建设单位	
工程地点		建筑面积			施工单位	
工程造价			工程项目完成情况			
计划开工日期		竣工条件说明	现场清理情况			
实际开工日期			施工资料整理情况			
计划竣工日期			施工质量验收情况			
实际竣工日期			未完工程盘点情况			
计划工作日数						
实际工作日数						
审核意见	建 设 单 位		监 理 单 位		施 工 单 位	
	项目负责人：（公章） 年 月 日		总监理工程师：（公章） 年 月 日		单位负责人：（公章） 年 月 日	

2. 主要内容

（1）工程概况。

（2）施工情况。

（3）施工资料整理情况。

（4）施工质量验收情况。

（5）工程总体评价。包括质量、安全、工期等内容的评价，是否有影响结构安全及使用功能的项目存在。

3. 资料要求

（1）工程名称、结构类型、工程地点、建设单位、施工单位、计划开工日期、实际开工日期、计划竣工日期应与开工报告相一致。

（2）工程造价。填写实际结算价。

（3）实际竣工日期。填写达到竣工条件的日期。

（4）计划工作日数。指由计划开工日期和计划竣工日期计算的日历天数。

（5）实际工作日数。指由实际开工日期和实际竣工日期计算的日历天数。

（6）竣工条件说明。写明应完成的工程项目的完成情况；现场建筑物四周整洁情况；技术资料是否齐全；工程质量是否验收合格，提出问题是否整改。未完工程盘点情况栏填写未完甩项工程，这些工程不影响结构安全和使用功能，经协商可以甩项交工。

（7）审核意见。建设单位、监理单位、施工单位负责人均需签字，注明日期并加盖单位公章。

4.1.8 工程质量保修书的填写

建设工程实行质量保修制度，施工单位在向建设单位提交工程竣工验收报告时，应当向建设单位出具质量保修书。质量保修书中应当明确建设工程的保修范围、保修期限和保修责任等。对在保修范围和保修期限内发生的质量缺陷，施工单位应当履行保修义务。建设工程的保修期自竣工验收合格之日起计算。

在正常使用条件下，建设工程的最低保修期限如下。

（1）地基基础工程和主体结构工程，为设计文件规定的合理使用年限。

（2）屋面防水工程、有防水要求的房间及外墙面，为 5 年。

（3）供热与供冷系统，为两个采暖期、供冷期。

（4）电气管线、给排水管道、设备安装和装修工程，为 2 年。

（5）房屋建筑工程在保修范围和保修期限内发生质量缺陷，施工单位应当履行保修义务。

（6）其他项目的保修期限由建设单位和施工单位约定。

工程质量保修书的填写按有关标准文本执行。

4.1.9 竣工图

竣工图是指建设工程完成后，由建设单位组织设计、施工单位按照建设工程竣工后的实际情况编制的工程图纸。竣工图需要由施工单位在竣工图上加盖"竣工图"标志，竣工图标志图签包括编制单位名称、编制人、审核人、技术负责人、编制日期等重要内容。

1. 竣工图签表式

竣工图签式样如图 1.1 所示。

2. 竣工图的主要内容

（1）工程总体布置图、位置图，地形复杂的应附竖向布置图。

（2）总图（室外）工程竣工图。

（3）建筑专业竣工图。

（4）结构竣工图。

（5）装饰、装修竣工图。

（6）石墙竣工图。

（7）消防竣工图。

（8）给排水竣工图。

（9）电气竣工图。

（10）燃气竣工图。

（11）采暖、通风、空调竣工图。

（12）电系统竣工图（如楼宇自控、保安监控、综合布线、公共电视无线等）。

（13）其他建设项目竣工图等。

3. 资料要求

（1）按图施工没有变化的，在原图上加盖"竣工图"标志后，即为竣工图；一般性的设计变更，可在原图上加以修改补充作为施工图的，在原图上注明修改的位置，并附加设计变更或洽商记录的复印本及施工说明，加盖"竣工图"标志后作为竣工图；重大变化无法在原图上修改的，应重新绘制竣工图。

（2）竣工图必须采用不褪色的绘图墨水绘制；竣工图章应加盖在原图签的右上方，重新绘制的竣工图，图签加盖在图纸右下角。

（3）竣工图的折叠要求：不同幅面的竣工图纸应按 GB/T 10609.3—1989《技术制图复制图的折叠方法》，统一折成 A4 幅面（297mm×210mm），图标栏露在外面。

4.2 工程质量控制资料的内容

工程质量控制资料是系统反映单位工程的技术性能、使用功能和使用安全的资料，用于证明或说明工程质量情况，真实、准确、及时的资料是质量管理的依据所在，管理好质量控制资料是非常重要的。

4.2.1 工程质量控制资料的主要类别

（1）图纸会审、设计变更、洽商记录。

（2）测量放线记录。

（3）原材料出厂的质量合格证及进场试验报告。

（4）施工试验报告和记录。

（5）隐蔽工程验收记录。

（6）施工记录。

（7）质量事故处理记录以及较大质量问题的检测、加固处理措施记录等。

4.2.2 工程质量控制资料的内容

工程质量控制资料的内容见表 4.8。

表 4.8　　　　　　　　　　　　工程质量控制资料的内容

资料报送编目	资　料　名　称	份　数	说　明
	建筑与结构		
	图纸会审、设计变更、洽商记录		
	工程定位测量、放线记录		
	原材料出厂合格证书及进场试（检）验报告		
	合格证、试（检）验报告汇总表		
	合格证		
	材料检验报告		
	钢材合格证、试验报告汇总表		
	钢材出厂合格证		
	钢筋机械性能试验报告		
	钢材试验报告		
	焊接试验报告、焊条（剂）合格证汇总表		

资料报送 编 目	资 料 名 称	份 数	说 明
	焊条（剂）合格证		
	水泥出厂合格证、试验报告汇总表		
	水泥出厂合格证		
	水泥试验报告		
	砖（砌块）出厂合格证、试验报告汇总表		
	砖出厂合格证		
	砖（砌块）试验报告		
	粗细骨料合格证，试验报告汇总表		
	砂子试验报告		
	石子试验报告		
	轻骨料试验报告		
	防水材料合格证、试验报告汇总表		
	防水材料合格证		
	防水卷材试验报告		
	防水涂料试验报告		
	防水材料试（检）验报告表（通用）		
	铝合金、塑钢、幕墙材料出厂质量证书汇总表		
	铝合金、塑钢、幕墙材料出厂质量证书		
	硅酮结构胶相容性试验报告		
	施工试验报告及见证检验报告		
	检验报告（通用）		
	钢材连接试验报告		
	钢材焊接接头冲击试验报告		
	钢材焊接接头硬度试验报告		
	焊缝射线探伤报告		
	焊缝超声波探伤报告		
	焊缝磁粉探伤报告		
	土壤试验报告		
	土壤击实试验记录		
	混凝土试块强度试验报告汇总表		
	混凝土强度试配报告单		
	外加剂试配报告单		
	混凝土试块试验报告单		
	混凝土抗渗性能试验报告单		
	混凝土抗冻性能试验报告单		

资料报送编目	资 料 名 称	份 数	说 明
	预拌混凝土出厂合格证		
	混凝土强度评定表		
	混凝土强度非统计方法评定		
	砂浆抗压强度试验报告汇总表		
	砂浆试配及报告单		
	砂浆试块试验报告		
	隐蔽工程验收表		
	施工记录		
	施工记录表（通用）		
	地基钎探记录		
	地基验槽记录		
	构件吊装记录		
	电热法施加预应力记录		
	现场施加预应力张拉记录		
	钢筋冷拉记录		
	混凝土浇灌申请书		
	混凝土开盘鉴定		
	混凝土工程施工记录		
	混凝土坍落度检查记录		
	冬期施工混凝土日报		
	混凝土养护测温记录		
	预制构件、预拌混凝土合格证		
	预制构件、预拌混凝土、门窗合格证汇总表		
	预制构件合格证		
	钢构件合格证		
	木构件合格证		
	门窗合格证		
	预拌混凝土合格证		
	地基、基础、主体结构检验及抽样检测资料		
	中间交接检验记录		
	单项工程竣工验收记录（通用）		
	工程质量事故调查处理资料		
	工程质量事故报告		
	建设工程质量事故调（勘）查处理资料		
	分部（子分部）工程质量验收记录		

资料报送编 目	资 料 名 称	份 数	说 明
	分项、检验批工程质量验收记录		
	新材料、新工艺施工记录		
	给排水与采暖		
	给排水与采暖工程图纸会审、设计变更、洽商记录		
	材料、配件、设备出厂合格证及进场检（试）验报告		
	材料、设备出厂合格证		
	主要材料、设备出厂合格证、检（试）验报告汇总表		
	主要设备开箱检验记录（通用）		
	管道、设备强度试验、严密性试验记录		
	给排水采暖隐蔽工程验收记录		
	系统清洗、灌水、通水、通球试验记录		
	管道系统吹洗（扫）检验记录		
	排水管道、灌水、通水试验记录		
	室内排水管道通球试验记录		
	施工记录		
	给排水与采暖分部（子分部）工程质量验收记录		
	给排水与采暖分项、检验批工程质量验收记录		
	建筑电气		
	建筑电气工程图纸会审、设计变更、洽商记录		
	材料、配件、设备出厂合格证及进场试（检）验报告		
	材料、设备出厂合格证		
	主要材料、设备出厂合格证、试（检）验报告汇总表		
	主要设备开箱检验记录		
	电气设备调试记录		
	接地、绝缘电阻测试记录		
	接地电阻测验记录		
	绝缘电阻测试记录		
	电气工程隐蔽工程验收记录		
	电气工程施工记录		
	电气工程分部（子分部）工程质量验收记录		
	电气工程分项、检验批工程质量验收记录		
	通风与空调工程		
	通风与空调工程图纸会审、设计变更、洽商记录		
	材料、配件、设备出厂合格证及进场检（试）验报告		
	材料、设备出厂合格证		

资料报送编目	资 料 名 称	份 数	说 明
	材料、配件、设备出厂合格证及进场检（试）验报告汇总表		
	主要设备开箱检验记录		
	制冷、空调、水管道强度试验、严密性试验记录		
	制冷系统气密性试验记录		
	冷冻水管道压力试验记录		
	通风与空调隐蔽工程验收记录		
	制冷设备运行调试记录		
	设备单机试车记录		
	制冷机组试运行调试记录		
	通风、空调系统试运行调试记录		
	风量、温度测试记录		
	除尘器、空调机漏风检测记录		
	各房间室内风量测量记录		
	管网风量平衡记录		
	空气净化系统检测记录		
	通风与空调工程施工记录		
	通风与空调分部（子分部）工程质量验收记录		
	通风与空调分项、检验批工程质量验收记录		
	电梯		
	电梯工程图纸会审、设计变更、洽商记录		
	材料、设备、配件出厂合格证及进场试（检）验报告		
	材料、设备出厂合格证		
	主要材料、设备出厂合格证试（检）验报告汇总表		
	主要设备开箱检验记录		
	电梯隐蔽工程验收		
	电梯安装工程施工记录		
	接地、绝缘电阻测试记录		
	负荷试验、安全装置检查记录		
	电梯安全装置检查记录		
	电梯负荷运行试验记录		
	电梯分部（子分部）工程质量验收记录		
	电梯分项工程质量验收记录		
	建筑智能化		
	建筑智能化工程图纸会审、设计变更、洽商记录		
	材料、设备出厂合格证及进场检（试）验报告		

资料报送编目	资 料 名 称	份 数	说 明
	材料、设备出厂合格证		
	主要材料、设备出厂合格证、检（试）验报告汇总表		
	主要设备开箱检验记录		
	隐蔽工程验收记录		
	系统功能测定及设备调试记录		
	系统功能测定记录		
	设备调试记录		
	系统检测报告		
	综合布线测试记录		
	光纤损耗测试记录		
	视频系统末端测试记录		
	系统技术、操作和维护手册（由供货厂家提供）		
	系统管理、操作人员培训记录（由供货厂家提供根据培训记录结果提供）		
	建筑智能化分部（子分部）工程质量验收记录		
	建筑智能化分项工程质量验收记录		
	桩基、有支护土方资料		
	桩基、有支护土方工程图纸会审、设计变更、洽谈商记录		
	不同桩位测量放线定位图		
	材料出厂合格证及进场检（试）验报告		
	施工试验报告及见证检测报告		
	隐蔽工程验收记录		
	施工记录		
	施工记录（通用）		
	钢筋混凝土预制桩施工记录		
	钢管桩施工记录		
	泥浆护壁成孔灌注桩施工记录		
	干作业成孔灌注桩施工记录		
	套管成孔灌注桩施工记录		
	井点施工记录（通用）		
	轻型井点降水记录		
	喷射井点降水记录		
	电渗井点降水记录		
	管井井点降水记录		
	深井井点降水记录		

续表

资料报送 编 目	资 料 名 称	份 数	说 明
	地下连续墙挖槽施工记录		
	地下连续墙护壁泥浆施工记录		
	地下连续墙混凝土浇筑记录		
	锚杆成孔记录		
	锚杆安装记录		
	预应力锚杆张拉与锁定施工记录		
	注浆及护坡混凝土施工记录		
	土钉墙土钉成孔施工记录		
	土钉墙土钉钢筋安装记录		
	沉井下沉施工记录		
	沉井、沉箱下沉完毕检查记录		
	试打桩情况记录		
	预制构件、预拌混凝土合格证		
	桩基检测资料		
	桩的静载试验报告		
	桩的动测试验报告		
	工程质量事故调查处理资料		
	桩基、有支护土方子分部工程质量验收记录		
	桩基、有支护土分项、检验批工程质量验收记录		
	地基处理资料		
	地基处理工程图纸会审、设计变更、洽商记录		
	工程测量放线定位平面图		
	材料出厂合格证及进场检（试）验报告		
	隐蔽工程验收记录		
	地基处理施工记录		
	土桩和灰土挤密桩桩孔施工记录		
	土桩和灰土挤密桩桩孔分填施工记录		
	重锤夯实施工记录		
	强夯地基施工记录		
	深层搅拌桩施工记录		
	地基处理工程试验检测报告		
	工程质量事故调查处理资料		
	地基处理子分部工程质量验收记录		
	地基处理分项工程质量验收记录		

4.3　工程质量控制资料填写及整理要求

4.3.1　图纸会审、设计变更、洽商记录

1. 图纸会审

图纸会审记录是对已正式签署的设计文件进行交底、审查和会审所提出的问题予以记录的技术文件。图纸会审应由建设单位组织设计、监理，施工单位（地基处理较为复杂时应包括勘察单位）进行。

（1）资料表式见表 4.9。

表 4.9　　　　　　　　图　纸　会　审　记　录

工程编号：

工程名称		会审日期及地点	
建筑面积		结构类型	
参加人员	设计单位		
	施工单位		
	监理单位		
	建设单位		
主持人			
记录内容			记录人：
建设单位（签章）： 代表：	设计单位（签章）： 代表：	监理单位（签章）： 代表：	施工单位（签章）： 代表：

（2）会审内容包括以下方面。

1）建筑、结构、设备安装等设计图纸是否齐全，手续是否完备；设计是否符合国家有关政策、标准规定，图纸总的做法说明是否齐全、清楚、明确，与建筑、结构、安装、装饰和节点大样图之间有无矛盾；设计图纸（平、立、剖、节点）之间尺寸是否相符，建筑与结构、土建与安装之间互相配合的尺寸是否相符，有无错误和遗漏；设计图纸本身、

建筑构造与结构构造、结构各构件之间在立体空间上有无矛盾，预留孔洞、预埋件、大样图或采用标准构配件的型号、尺寸有无错误和矛盾。

2）总图的建筑物坐标位置与单位工程建筑平面图是否一致；建筑物的设计标高是否可行；地基与基础的设计与实际情况是否相符，结构性能如何；建筑物与地下构筑物及管线之间有无矛盾。

3）主要结构的设计在承载力、刚度、稳定性等方面有无问题；主要部位的建筑构造是否合理；设计能否保证工程质量和安全施工。

4）图纸的结构方案、建筑装饰与施工单位的施工能力、技术水平、技术装备有无矛盾；采用新工艺、新技术，施工单位有无困难；所需特殊建筑材料的品种、规格、数量能否解决，专业机械设备能否保证。

5）安装专业的设备是否与图纸选用的设备相一致；到货的设备出厂资料是否齐全，技术要求是否合理，是否与设计图纸要求相一致；设备与土建图纸基础是否相符合，管口相对位置、接管规格、材质、坐标、标高是否与设计图纸一致；管道、设备及管件需作防腐、脱脂及特殊清洗时，设计结构是否合理，技术要求是否切实可行。

（3）资料要求包括以下内容。

1）图纸会审一般由建设单位主持或建设、设计单位共同主持，应按要求组织图纸会审，主持人要签记姓名。

2）有关专业均要有人员参加会审，参加人员签字齐全有效，日期、地点要写清楚。

3）要记录会审中发现的所有需要记录的内容，已解决的注明解决方法，未解决的注明解决时间及方式，记录由设计、施工的任一方整理，可在会审时协商确定。

4）凡会审已形成的正式文件记录，均不得进行涂改。

5）建设单位、设计单位、监理单位、施工单位等参加图纸会审的单位，单位盖章有效。

2. 设计变更

设计变更是在设计施工过程中，由于设计图纸本身的问题，设计图纸与实际情况不符，施工条件变化，原材料的规格、品种、质量不符合设计要求，以及有关人员提出的合理化建议等原因，需要对设计图纸部分内容进行修改而办理的变更设计文件。

（1）遇有下列情况之一时，必须由设计单位签发变更通知单。

1）当决定对图纸进行较大修改时。

2）施工前及施工过程中发现图纸有差错，做法或尺寸有矛盾，结构变更，图纸与实际情况不符。

3）由建设单位提出，对建筑构造、细部做法、使用功能等方面提出的修改意见，必须经过设计单位同意，并提出设计通知书或设计变更图纸。

4）由设计单位或建设单位提出的设计图纸修改，应由设计部门提出设计变更联系单；由施工单位提出的属于设计错误时，应由设计部门提出设计变更联系单；由施工单位的技术、材料等原因造成的设计变更，由施工单位提出洽商，请求设计变更，并经设计部门同意，以洽商记录作为变更设计的依据。

（2）要求说明包括以下内容。

1) 所有设计变更必须由原设计单位的相应设计专业人员作出，有关负责人签字，设计单位盖章批准，最后由建设单位（项目负责人）、监理单位（项目总监）、施工单位（项目经理）签字盖章生效。

2) 应先有设计变更后施工，按签发日期顺序排列。

3) 内容明确、具体，办理及时。必要时附图，不得任意涂改和后补。

(3) 设计变更涉及以下内容时，必须报请原图纸审查部门审批，批准后方可实施。

1) 建筑物的稳定性、安全性（含地基基础和主体结构体系）。

2) 消防、节能、环保、抗震、卫生、人防的有关强制性标准。

3) 图纸规定的深度。

4) 影响公众利益。

3. 洽商记录

洽商记录是以经建设、设计、监理、施工企业技术负责人审查签章后的设计部门下发的《变更通知单》归档。

洽商记录是施工过程中，由于设计图纸本身差错，设计图纸与实际情况不符，施工条件变化，原材料的规格、品种、质量不符合设计要求，及职工提出合理化建议等原因，需要对设计图纸部分内容进行修改而办理的工程洽商记录文件。

(1) 资料表式见表 4.10。

表 4.10　　　　　　　　　　工 程 洽 商 记 录

工程名称：			
洽商事项：			
建设单位： 代表： 年 月 日	设计单位： 代表： 年 月 日	监理单位： 代表： 年 月 日	施工单位： 代表： 年 月 日

（2）洽商记录遇有下列情况之一者，必须由设计单位签发设计变更通知单，不得以洽商记录办理。

1）当决定对图纸进行较大修改时。

2）施工前及施工过程中发现图纸有差错、做法、尺寸矛盾、结构变更或与实际情况不符时。

3）由建设单位提出，对建筑构造、细部做法、使用功能等方面提出的修改意见。

（3）要求说明包括以下内容。

1）洽商记录按签订日期先后顺序编号排列，内容明确具体，必要时附图，签字齐全，不得任意涂改和后补。

2）应先有洽商记录，后施工。

3）特殊情况需先施工后变更者，必须先征得设计部门同意，洽商记录需在 1 周内补上。

4.3.2 测量放线记录

1. 工程定位测量及复测记录

工程定位测量及复测记录是指根据当地行政主管部门给定总图范围内的工程建筑物、构筑物的位置、标高进行测量与复测，以确保建筑物的位置、标高的正确。

测量人员根据红线高程或指定建筑物引测控制线，施测出该建筑物轴线，做出永久控制桩且做好复测。

（1）资料表式见表 4.11。

表 4.11　　　　　　　　　　　　　工程定位测量放线记录

年　月　日　　　　　　　　　　　　　　　　　　　　　　　　　编号：

工程名称				建设单位				定位测量示意图：尺寸单位（mm）
施测单位								
图纸编号								
测量依据	引用坐标	A	X= Y=	水准点高程		相对　m		
		B	X= Y=			绝对　m		
使用仪器型号		经纬仪			水准仪			测量员： 施测日期： 年　月　日
备　注								
会签栏	施工测量单位（签章）				监理（建设）单位（签章）			复验意见：
	专业技术负责人	质量检查员	专业工长		年　月　日			
	年　月　日							年　月　日

（2）主要内容。工程定位测量及复测记录包括平面位置定位、标高定位、测设点位和提供竣工技术资料。

1）工程平面位置定位：根据场地上建筑物主轴线控制点或其他控制点，将房屋外墙轴线交点用经纬仪投测到地面木桩顶面为标志的小钉上。

2）工程的标高定位：根据施工现场水准控制点标高（或从附近引测的大地水准点标高），推算±0.000 标高，或根据±0.000 标高与某建筑物、某处标高的相对关系，用水准仪和水准尺在供放线用的龙门桩上标出标高的定位工作。

3）测设点位：将已经设计好的各种不同的建（构）筑物的几何尺寸和位置，按照设计要求，运用测量仪器和工具标定到地面及楼层上，并设置相应的标志作为施工的依据。

4）提供竣工资料：在工程竣工后，将施工中各项测量数据及建筑物的实际位置、尺寸和地下设施位置等资料，按规定格式整理或编绘技术资料。

5）鉴于工程测量的重要性，凡工程测量均必须进行复测。

（3）资料要求包括以下内容。

1）工程定位测量在每个工程中需填写工程定位测量放线记录，工程定位测量复测记录，规定凡工程定位测量放线都必须进行复测，确保工程测量正确无误。

2）施测部位：填写工程进行定位测量放线或工程定位放线复测的部位、位置。

3）使用仪器：测量时使用的经纬仪、水准仪等仪器，填写时应注明规格、型号。

4）大气温度：填写测量时的大气温度。

5）测量依据：坐标，根据规划部门指定坐标；高程，根据施工现场水准控制点的标高推算出该建筑物±0.00 标高。

6）定位测量示意图：要标注准确，如指北针、轴线、坐标等，高程依据要求标注引出位置，标明基础主轴线之间的尺寸以及建（构）筑物与建筑红线或控制桩的相对位置。

7）实测坐标、高程：按实际位置与实际测定标高填写。

8）复验意见：当复测与初测偏差较小时可以不必改正，当复测与初测偏差较大需要纠正时，注明偏差方向、数据后，应填写"按复测数据施工"。

9）参加定位测量及复测的监理、建设、施工单位人员必须签字齐全，不应代签。

2. 基槽及各层放线测量记录

基槽及各层测量放线记录是指建筑工程根据施工图设计给定的位置、轴线、标高进行的测量与复测，以保证建筑物的位置、轴线、标高正确。

（1）资料表式见表 4.12。

（2）主要内容包括以下方面。

1）基槽验线主要包括轴线、外轮廓线、断面尺寸、基底高程、坡度等的检测与检查。

2）楼层放线主要包括各层墙柱轴线、边线、门窗洞口位置线和皮数杆等，楼层 0.5m（或 1m）水平控制线、轴线竖向投测控制线。

3）不同类别的工程应分别提供基槽及各层测量放线与复测记录。

（3）资料要求包括以下方面。

1）工程部位：填写基槽或楼层（分层、分轴线或施工流水段）测量的具体部位。

2）轴线、标高定位方法：指总平面图、建筑方格网等定位依据以及竖向投测依据。

表 4.12   **基槽及各层测量放线记录**

施测单位：   日期：   年 月 日   编号：

工程名称			
工程部位			
轴线定位依据			
标高确定依据			
测量仪器 名称及型号			
测量放线 示意图	测量员： 施测日期： 年 月 日		
复验意见	年 月 日		
参加人员	监理（建设）单位（签章）	施工单位（签章）	
		专业技术负责人	质检员	专业工长
	年 月 日	年 月 日		

3）测量放线示意图的内容：包括基底外轮廓线及断面；垫层标高；集水坑、电梯井等垫层标高、位置；楼层外轮廓线，楼层重要控制轴线、尺寸、相对高程等；示意图指北针方向、分楼层段的具体图名。

4）复验意见由监理（建设）单位复验后填写。

4.3.3 原材料出厂的质量合格证及进场试验报告

1. 合格证、试验报告汇总表

合格证、试验报告汇总表是指核查用于工程的各种材料的品种、规格、数量，通过汇总达到检查的目的。

（1）资料表式见表 4.13。

表 4.13　　　　　　　　　　　　合格证、试验报告汇总表

工程名称：

序号	名称规格品种	生产厂家	进　　场		合格证编号	复试报告日期	试验结论	主要使用部位及有关说明
			数量	时间				

填表单位：　　　　　　　　　　审核：　　　　　　　　　　制表：

（2）资料要求包括以下方面。

1）合格证、试验报告汇总表按施工过程中依次形成的以上表式经核查后全部汇总不得缺漏，并按工程进度为序进行，如地基基础、主体工程等。

2）砂、石、砖、水泥、钢筋、钢材、防水材料等均应进行整理汇总，品种、规格应满足设计要求的品种和规格；否则为合格证、试验报告不全。

3）试样结论是指进厂材料抽样复试材料的复试报告的结论，应填写是否符合某标准要求。

4）主要使用部位及有关说明要填写进厂批材料主要使用在何处及需要说明的事项。

5）施工单位的项目经理部的项目技术负责人为审核人，签字有效；施工单位的项目经理部的专职质检员为制表人，签字有效。

2. 合格证粘贴表

合格证粘贴表是为整理不同厂家提供的出厂合格证因规格不一，为统一规格而规定的表式。

（1）资料表式见表 4.14。

表 4.14　　　　　　　　　　　合 格 证 粘 贴 表

审核：　　　　　　　　　整理：　　　　　　　　　年　月　日		

（2）资料要求包括以下方面。

1）各种材料的合格证应按施工过程中依次形成的以上表式，经核查符合要求后全部粘贴表内，不得缺漏。

2）审核人、整理人分别签字。

3. 材料检验报告

材料检验报告是指为保证建筑工程质量对用于工程的材料进行有关指标测试，由试验单位出具的试验证明文件。

（1）资料表式见表 4.15。

表 4.15　　　　　　　　　　　　材　料　检　验　报　告

委托单位：　　　　　　　　　　　　　　　　　　　　　　　　　　试验编号：

工程名称		委托日期	
使用部位		报告日期	
试样名称及规格型号		检验类别	
生产厂家		批　　号	

序号	检验项目	标准要求	实测结果	单项结论

依据标准：

检验结论：

备　　注：

试验单位：　　　　技术负责人：　　　　审核：　　　　试（检）验：

（2）资料要求包括以下方面。

1）材料检验必须按相关标准进行，应将质量标准与试验结果一并填写。

2）材料检验的试验报告单位必须具有相应的资质，不具备相应资质的试验室出具的报告无效。

3）有见证取样试验要求的必须进行见证取样试验。

4）材料试验报告责任制签章必须齐全。

5）检验结论应全面、准确地填写是否符合标准规定。

6）试验单位，是指承接该试验的具有相应资质的试验单位，签字盖章有效；技术负责人，是指承接该试验的具有相应资质的试验单位的技术负责人，签字有效；审核是指由承接该试验的具有相应资质的试验单位的技术负责人签字；试验，是指试验单位的参与试验人员，签字有效。

4. 钢材、钢筋出厂合格证、试验报告

（1）资料表式见表 4.16、表 4.17。

表 4.16   钢 材 试 验 报 告

委托单位：   报告编号：

建设单位：   收样日期：

工程名称：   检验日期：

试样名称				委托编号						
使用部位				试验委托人						
试样规格型号				试样编号						
产 地				代表数量						

试件规格	力学性能			冷弯 $d=\alpha$	硬度（HV）	冲击韧性（MPa）	化学成分（%）						
	屈服点（MPa）	抗拉强度（MPa）	伸长率 δ_5（%）				碳 C	硫 S	锰 Mn	磷 P	硅 Si		
依据标准和结论													
备 注													

检验人：   审核：   技术负责人：   检验单位：

见证取样人及编号：

表 4.17   **钢筋力学性能试验报告**

委托单位：   试验编号：

建设单位：   收样日期：

工程名称：   检验日期：   编号：

试样名称			委托编号					
使用部位			试验委托人					
试样规格型号			试样编号					
产　地			代表数量		炉批号			
规格 （mm）	屈服点（MPa）		抗拉强度（MPa）		伸长率（%）		弯曲条件	弯曲结果
	标准要求	实测值	标准要求	实测值	标准要求	实测值		
备注：								
检验结论：1.（依据标准） 　　　　　2.								

检验人：   审核：   技术负责人：   检验单位：（公章）

见证取样人及编号：

（2）资料要求包括以下方面。

1）结构中所用受力钢筋及钢材应有出厂合格证和复试报告。

2）钢材、钢筋合格证：钢材、钢筋进场时应有包括炉号、型号、规格、机械性能、化学成分、数量（指每批的代表数量）、生产厂家名称、出厂日期等内容的出厂合格证，合格证必须包括机械性能、化学成分。

3）出厂合格证采用抄件或复印件时应加盖抄件（注明原件存放单位及钢材批量）或复印件单位章，经手人签字，钢材合格证经检查不符合有关规定的，为不符合要求。

4）凡使用进口钢筋，应做机械性能试验和化学成分检验。

5）钢材、钢筋试验报告：复试的品种、规格必须齐全，钢材试验报告单的品种、规格应和图纸上的品种、规格相一致，并应满足批量要求，应将试验报告结果与标准资料相对比，检查其是否符合要求。必须实行见证取样，试验室应在见证取样人名单上加盖公章和经手人签字。

6）钢筋集中加工，应将钢筋复验单及钢筋加工出厂证明抄送施工单位（钢筋出厂证明及复验单原件由钢筋加工厂保存）；直接发到现场或构件厂的钢筋，复验由使用单位负责。

　　7）试验报告的检查：检查试验编号是否填写，检查钢材试验单的试验资料是否准确无误，各项签字和报告日期是否齐全。

　　5. 水泥出厂合格证、试验报告

　　水泥试验报告是为保证工程质量，对用于工程中的水泥的强度、安定性和凝结时间等指标进行测试后由试验单位出具的质量证明文件。

　　（1）资料表式见表 4.18。

　　水泥出厂合格证均分类按序贴于合格证粘贴表上。

表 4.18　　　　　　　　　　　水 泥 检 验 报 告

委托单位：　　　　　　　　　　　　　　　　　　　　　　　　试验编号：

工程名称				使用说明	
水泥品种		强度等级		委托日期	
批　　号				检验类别	
生产厂		代表批量		报告日期	
检验项目	标准要求	实测结果	检验项目	标准要求	实测结果
细　　度			初　凝		
标稠用水量			终　凝		
胶砂流动度			安定性		
强度检验	抗折强度（MPa）		抗压强度（MPa）		快测强度（MPa）
	d	28d	d	28d	
标准要求					
测定值					
实测结果					
依据标准：					
检验结论：					
备　　注：					

试验单位：　　　　技术负责人：　　　　　　审核：　　　　　　试（检）验：

（2）资料要求包括以下方面。

1）所有牌号、品种的水泥应有合格证和试验报告，水泥使用以复试报告为准，试验内容必须齐全且均应在使用前取得，试验报告单的试验编号必须填写，以防止弄虚作假。

2）水泥出厂合格证内容应包括水泥牌号、厂标、水泥品种、强度等级、出厂日期、批号、合格证编号、抗压强度、抗折强度、安定性、凝结时间。

3）合格证中应有 3d、7d、28d 抗压，抗折强度和安定性试验结果。水泥复试可以提出 3d 强度以适应施工需要，但必须在 28d 后补充 28d 水泥强度报告，应注意出厂编号、出厂日期应一致。

4）从出厂日期起 3 个月内为有效期，超过 3 个月（快硬硅酸盐水泥超过 1 个月）另做试验。

5）提供水泥的合格试验单应满足工程使用水泥的数量、品种、强度等级等要求，且水泥的必试项目不得缺漏。

6）水泥试验报告单必须和配合比通知单、试块强度试验报告单上的水泥品种、强度等级、厂牌相一致；水泥复试单和混凝土、砂浆试验报告上的时间进行对比可鉴别水泥是否有先用后试现象。

7）单位工程的水泥复试批量与实际使用数量的批量构成应基本一致。

8）必须实行见证取样，试验室应在见证取样人名单上加盖公章和经手人签字。

9）水泥出厂合格证或试验报告不齐，为不符合要求；水泥先用后试验或不试验为不符合要求；水泥进场 3 个月没复试，为不符合要求。

10）水泥进场时应对其品种、级别、包装或散装仓号、出厂日期等进行检查，并应对其强度、安定性及其他必要的性能指标进行复验，其质量必须符合现行国家标准 GB 175—1999《硅酸盐水泥、普通硅酸盐水泥》等的规定；按同一生产厂家、同一等级、同一品种、同一批号且连续进场的水泥，袋装不超过 200t 为一批，散装不超过 500t 为一批，每批抽样不少于一次。

6. 砖出厂合格证、试验报告

砖（砌块）试验报告是对于工程中的砖（砌块）强度等指标进行复试后由试验单位出具的质量证明文件。

（1）资料表式见表 4.19。

砖出厂合格证按工程进度依次贴于合格证粘贴表上。

（2）资料要求包括以下方面。

1）应核对砖出厂合格证，合格证的内容应包括：厂家、品种、规格、批量、出厂日期、出厂批号、强度等级（特等、一等、二等）及相关性能指标，并盖有厂检验部门印章，合格证不包括上述内容时复试时应加试。

2）应核对砖试验报告单，砖试验报告单内容应包括：试验编号、委托单位、工程名称、使用部位，砖的品种、规格、强度等级、厂家、出厂日期、批号、代表数量、送检日期、试验日期以及试验结果等内容。

3）用于工程各种品种、强度等级的砖（指普通实心砖），进场后不论有无出厂合格证，均必须（在工地取样）按规定批量（一批砖约为 3.5 万~15 万块）进行复试。"必试"

表 4.19 砖 试 验 报 告

委托单位： 试验编号：

工程名称				委托日期		
使用部位				报告日期		
强度级别			代表批量	检验类别		
生产厂				规格尺寸		
抗压检验结果	强度平均值（MPa）		强度标准值/最小值（MPa）		强度标准差（MPa）	变异系数
	标准要求	实测结果	标准要求	实测结果		
外观质量						
尺寸偏差						
检验项目	泛霜	石灰爆裂	冻融	吸水率	饱和系数	
实测结果						
依据标准：						
检验结论：						
备 注：						

试验单位： 技术负责人： 审核： 试（检）验：

项目为抗压，设计有要求时进行抗折强度试验。并实行见证取样，试验室应在见证取样人名单上加盖公章和经手人签字，随同试验报告单一并返送委托单位，并入技术资料内保存。试验报告单后面必须有返送的见证取样人名单，无返送人员名单的试验报告单视为无效。

4）砖试验不全或不进行试验为不符合要求。

5）砖进场的外观检查，检查砖的规格、尺寸、长、宽、厚，检查缺棱掉角程度、数量，砖的花纹检查，检查棱边弯曲和大面翘曲程度，检查有无石灰爆裂现象，检查砖的煅烧程度。

7. 粗细骨料、轻骨料试验报告

粗细骨料、轻骨料试验报告是对于工程中的骨料筛分以及含泥量、泥块含量、针片状含量、压碎指标等进行复试后由试验单位出具的质量证明文件。

（1）资料表式见表 4.20、表 4.21、表 4.22。

表 4.20　　　　　　　　　　**建 筑 用 砂 检 验 报 告**

委托单位：　　　　　　　　　　　　　　　　　　　　　　　试验编号：

工程名称							委托日期	
砂种类							报告日期	
产　地			代表批量				检验类别	
检验项目	标准要求		实测结果		检验项目		标准要求	实测结果
表观密度（kg/m³）					石粉含量（%）			
堆积密度（kg/m³）					氯盐含量（%）			
紧密密度（kg/m³）					含水率（%）			
含泥量（%）					吸水率（%）			
泥块含量（%）					云母含量（%）			
硫酸盐硫化物（%）					孔隙率（%）			
					坚固性			
轻物质含量（%）					碱活性			
筛孔尺寸（mm）	9.50	4.75	2.36	1.18	0.600	0.300	0.150	筛分结果	细度模数
标准下限（%）									
标准上限（%）									级配区属
实测结果（%）									

依据标准：

检验结论：

备　注：

试验单位：　　　　技术负责人：　　　　审核：　　　　试（检）验：

表 4.21 建筑用碎石（卵石）检验报告

委托单位：　　　　　　　　　　　　　　　　　　　　　　　　　　　　　试验编号：

工程名称							委托日期				
石子种类							报告日期				
产　　地			代表批量				检验类别				
检验项目	标准要求		实测结果		检验项目		标准要求		实测结果		
表观密度（kg/m³）					有机物含量						
堆积密度（kg/m³）					坚固性						
紧密密度（kg/m³）					岩石强度（MPa）						
含泥量（%）					压碎指标（%）						
泥块含量（%）					SO₃含量（%）						
吸水量（%）					碱活性						
针片状含量（%）					空隙率（%）						
筛孔尺寸（mm）	90	75.0	63.0	53.0	37.5	31.5	26.5	19.0	16.0	9.50	4.75	2.36
标准下限（%）												
标准上限（%）												
实测结果（%）												

依据标准：

检验结论：

备　注：

试验单位：	技术负责人：	审核：	试（检）验：

表 4.22   **轻 骨 料 试 验 报 告**

委托单位：   试验编号：

工程名称				委托日期	
轻骨料种类		密度等级		报告日期	
产　　地		代表批量		检验类别	
检　验　项　目				实　测　结　果	
试验结果	一、筛分析	1. 细度模数（细骨料）			
		2. 最大粒径（粗骨料）			
		3. 级配情况			
	二、表观密度（kg/m³）				
	三、堆积密度（kg/m³）				
	四、简压强度（MPa）				
	五、吸水率（1h）				
	六、其他				
结论：					

试验单位：   技术负责人：   审核：   计算：   试（检）验：

（2）资料要求包括以下内容。

1）粗细骨料试验报告必须是经监理单位审核同意的试验室出具的试验报告单。

2）工程中使用的砂、石按产地不同和批量要求进行试验，必须试验项目为颗粒级配、含水率、相对密度、密度、含泥量。粗细骨料、对重要工程混凝土使用的砂、碎石或卵石应进行碱活性检验。

3）按工程需要的品种、规格，先试验后使用。试验报告单应试项目齐全，试验编号必须填写，并应符合有关标准要求。

4）C30 及 C30 以上的混凝土、防水混凝土、特殊部位混凝土，设计提出要求应加试有害杂质含量等。混凝土强度等级为 C40 及其以上混凝土或设计有要求时应对所用石子硬度进行试验。

5）当设计为预防混凝土出现碱—骨料反应而对砂子含碱量提出要求时，应进行专门试验。

6）粗细骨料试验报告应按产地、粒径、试验时间排列归档。

8. 焊条、焊剂合格证

（1）焊条（剂）合格证均分类按序粘贴于合格证粘贴表上。

（2）工程上使用的电焊条、焊丝和焊剂，必须有出厂合格证。

9. 防水材料合格证、试验报告

防水材料试验报告是对于工程中的防水材料的耐热度、不透水性、拉力、柔度等指标进行复试后由试验单位出具的质量证明文件。

(1) 资料表式见表4.23、表4.24。

防水材料合格证以厂家提供的规格，按工程进度贴于合格证粘贴表上。

表 4.23

防 水 卷 材 试 验 报 告

委托单位：　　　　　　　　　　　　　　　　　　　　　　　试验编号：

工程名称			委托日期	
生产厂家			报告日期	
使用部位			检验类别	
代表数量		规格型号		批号	

试验结果	一、拉力试验	1. 拉力（N）	纵(N)	横(N)
		2. 拉伸强度	纵(MPa)	横(MPa)
	二、断裂伸长率（延伸率）		纵（%）	横（%）
	三、剥离强度（屋面）(MPa)			
	四、粘和性（地下）(MPa)			
	五、耐热度		温度(℃)	评定
	六、不透水性（抗渗透性）			
	七、柔韧性（低温柔性、低温弯折性）		温度(℃)	评定
	八、其他			

依据标准：

结　论：

备　注：

试验单位：　　　　技术负责人：　　　　审核：　　　　试（检）验：

表 4.24 　　　　　　　　　　　　　　防水涂料试验报告

工程名称及使用部位				委托日期	
试件名称及使用规格				报告日期	
生产厂家				检验类别	
代表数量				批　号	
试验结果	一、延伸性（mm）				
	二、拉伸强度（MPa）				
	三、断裂伸长率（%）				
	四、粘结性（MPa）				
	五、耐热度	温度（℃）		评定	
	六、不透水性				
	七、柔韧性（低温）	温度（℃）		评定	
	八、固体含量				
	九、其他				
依据标准：					
检验结论：					
备　注：					
试验单位：	技术负责人：		审核：		试（检）验：

（2）资料要求包括以下内容。

1）防水材料必须有出厂合格证和在工地取样的试验报告。

2）按规定在现场进行抽样复检，对试件进行编号后按见证取样规定送试验室复试。试样来源及名称应填写清楚。试验单子项填写齐全，复试单试验编号必须填写，以防弄虚作假。防水材料的试验单中的各试验项目、数据应和检验标准对照，必须符合专项规定或标准要求，不合格的防水材料不得用于工程并必须通过技术负责人专项处理，签署退场处理意见。试验结论要明确，责任制签字要齐全，不得漏签或代签。

3）货物进场要抽样检查。按合同中规定的品种、规格及质量要求，先逐项进行外观检查，然后对照厂方（供方）提供的出厂合格证的质量指标，逐项核对。

4）防水材料合格证、试验报告对应排列，按厂家、品种依次排录归档。

10. 门窗、预制混凝土构件合格证

（1）门窗、预制混凝土构件合格证以厂家提供表式按工程进度分类粘贴于合格证粘贴表上。

（2）资料要求包括以下内容。

1）门窗、预制混凝土构件必须有出厂合格证。任何预制混凝土构件，只有在取得生产厂家提供的合格证，并经现场抽检合格后方可使用。合格证原件及检查记录，要求填写齐全，不得缺漏或填错。

2）构件合格证应包括生产厂家、工程名称、合格证编号、合同编号、设计图纸的种类、构件类别和名称、型号、代表数量、生产日期、结构试验评定、承载力、拱度，并有生产单位技术负责人、质检员姓名或签字，并加盖生产单位公章。

其他部分内容，在此不予介绍。

4.3.4 施工试验报告和记录

1. 施工试验报告

施工试验报告是为保证建筑工程质量，对用于工程的无特定表式的材料，进行有关指标测试，由试验单位出具的试验证明文件。

（1）资料表式见表 4.25。

表 4.25　　施工试验报告（通用）

委托单位：　　　　　　　　　　　　　　报告日期：

建设单位：　　　　　　　　　　　　　　收样日期：

工程名称：　　　　　　　　　　　　　　检验日期：　　　编号：

施工部位		试样名称	
生产厂家		试样规格、材质	
试验内容及要求：			
试验情况：			
依据标准：			
结论：			
检验人：　　　　审核人：　　　　负责人：　　　　检验单位（公章）：			
见证取样人及编号：			

（2）资料要求包括以下内容。

1）无特定表式的材料必须有出厂合格证和在工地取样的试验报告，试验单子项填写齐全，不得漏填或错填，复试单试验编号必须填写。

2）试验结论要明确，责任人签字要齐全，不得漏签或代签，并加盖试验单位公章。

3）委托单上的工程名称、部位、品种、强度等级等与试验报告单上应对应一致。

4）必须填写报告日期，以检查是否为先试验后施工，先用后试为不符合要求。

5）试验的代表批量和使用数量的代表批量应相一致。

6）必须实行见证取样时，试验室应在见证取样人名单上加盖公章和经手人签字。

7）使用材料与规范及设计要求不符为不符合要求。

8）试验结论与使用品种、强度等级不符为不符合要求。

2．土壤试验报告

土壤试验报告是为保证工程质量，由试验单位对工程中进行的回填夯实类土的干质量密度指标进行测试后出具的质量证明文件。

（1）资料表式见表 4.26、表 4.27。

表 4.26　　　　　　　　土　壤　试　验　报　告

委托单位：　　　　　　　　　　　　　　　　　　　　　　　　　试验编号：

工程名称				委托日期	
取样部位		试验种类		报告日期	
试样数量		最小干密度		检验类别	
取样编号	取样步次	湿密度（g/cm³）	含水率（％）	干密度（g/cm³）	单个结论
取样位置示意图：					
依据标准：					
检验结论：					
试验单位：　　技术负责人：　　审核：　　检验：					

表 4.27　　　　　　　　　　　　　　土 壤 击 实 试 验 报 告

委托单位：　　　　　　　　　　　　　　　　　　　　　　　　试验编号：

工程名称				取样部位	
土样类别		最大粒径（mm）		压实系数	
检验类别		委托日期		报告日期	

$\rho_d(g/cm^3)$

$\rho_d—\omega$ 关系曲线　　　　　$\omega(\%)$

依据标准：
检验结论： 最佳含水率：　　%，最大干密度：　　g/cm³，控制最小干密度：　　g/cm³。
备注：

试验单位：	技术负责人：	审核：	试验：

（2）资料要求包括以下内容。

1）素土、灰土及级配砂石、砂石地基的干密度试验，应有取样位置图，取点分布应符合图像评定标准规定。

2）土壤试验记录要填写齐全；土体试验报告单的子目应齐全，计算数据准确，签证手续完备，鉴定结论明确。

3）单位工程的素土、砂、砂石等回填必须按每层取样，检验的数量、部位、范围和测试结果应符合设计要求及规范规定。如干质量密度低于质量标准时，必须有补夯措施和重新进行测定的报告。

4）大型和重要的填方工程，其填料的最大干土质量密度、最佳含水量等技术参数必须通过击实试验确定。

5）检验时，如出现下列情况之一者，该项目应为不符合要求：大型土方或重要的填方工程以及素土、灰土、砂石等地基处理，无干土质量密度试验报告单或报告单中的实测数据不符合质量标准；土壤试验有"缺、漏、无"现象及不符合有关规定的内容和要求。

　　3. 钢筋连接试验报告

　　钢筋连接试验报告是指为保证建筑工程质量，对用于工程的不同形式的钢材连接进行的有关指标的测试，由试验单位出具的试验证明文件。

　　(1) 资料表式见表4.28。

表 4.28　　钢筋连接试验报告

试样名称				委托编号	
使用部位				试验委托人	
钢材类别		原材料试验编号		试样编号	
接头类型		代表数量		操作人	
公称直径	屈服点	抗拉强度	断口特征及位置	冷弯条件	冷弯结果

检验结论：1.（依据标准）
　　　　　　2.

　　　　　　　　　　　　　　　　　　　　　　　　　　年　月　日

备注：（焊工姓名、焊接方法、岗位证书编号）

检验人：　　　　审核：　　　　技术负责人：　　　　检验单位（公章）：

见证取样人及编号：

　　(2) 资料要求包括以下内容。

　　1) 钢筋或钢材闪光对焊、电弧焊、电渣压力焊等均按有关规定执行。试验子项齐全，试验数据必须符合要求。

　　2) 钢筋焊接接头，按规定每批各取3件分别进行抗剪（点焊）、拉伸及弯曲试验，试验报告单的子项应填写齐全。对不合格焊接件应重新复试，对焊件进行补焊。

　　3) 钢结构构件按设计要求应分别进行Ⅰ、Ⅱ、Ⅲ级焊接质量检验。一、二级焊缝，即承受拉力或压力要求与母材有同等强度的焊缝，必须有超声波检验报告，一级焊缝还应有 X 射线伤检报告。

4）受力预埋件钢筋 T 形接头必须做拉伸试验，且必须符合设计或标准规定。

5）电焊条、焊丝和焊剂的品种、牌号及规格和使用应符合设计要求和标准规定，应有出厂合格证（如包装商标上有技术指示时，也可将商标揭下存档，无技术指标时应进行复试）并应注明使用部位及设计要求的型号。质量指标包括机械性能和化学分析。低氢型碱性焊条以及在运输中受潮的酸性焊条，应烘焙后再用并填写烘焙记录。

6）不同预应力钢筋的焊接均必须符合设计或标准要求（先焊后拉）。

7）试验编号必须填写，以此作为查询试验室及试验台账，核实焊接试验数据的重要依据。

8）必须实行见证取样，试验室应在见证取样人名单上加盖公章和经手人签字。

9）机械连接或其他连接方式必须按设计要求进行试验，由试验室出具试验报告。

10）无焊工合格证的人员进行施焊，为不符合要求。

4. 砂浆配合比

凡是要求强度等级的各种砂浆均应出具配合比，并按配合比拌制砂浆，严禁使用经验配合比。资料表式见表 4.29。

表 4.29　　　　　　　　　　　　砂 浆 配 比 通 知 单

工程名称			委托日期	
使用部位			报告日期	
砂浆种类		设计等级	要求稠度	
水泥品种强度等级		生产厂家	试验编号	
砂　规　格			试验编号	
掺和料种类			试验编号	
外加剂种类			试验编号	
配　　合　　比				
材料名称	水泥	砂子	掺和料	水	外加剂
用量（kg/m³）					
质量配合比					
实测稠度		分层度		养护条件	
依据标准：				
备　　注：				
试验单位：　　　　　　技术负责人：　　　　　　审核：　　　　　　试验：				

5. 砂浆试件抗压强度检验报告

砂浆试件抗压强度检验报告是指施工单位根据设计要求的砂浆强度等级，由施工单位在施工现场按标准留置试件，由试验单位进行强度测试后出具的报告单。

（1）资料表式见表 4.30。

表 4.30　　　　　　　　　　**砂浆试件抗压强度检验报告**

委托单位：　　　　　　　　　　　　　　　　　报告编号：

建设单位：　　　　　　　　　　　　　　　　　收样日期：

工程名称：　　　　　　　　　　　　　　　　　检验日期：　　　　　编号：

砂浆种类													
组号	设计等级	工程结构部位	制作日期		试验日期		龄期(d)	试件尺寸(mm)	受压面积(mm²)	养护条件	立方体破坏压力(kN)	砂浆立方体抗压强度(MPa)	抗压强度(MPa)	达到设计强度(%)
			月	日	月	日								
检验依据和结论														
备　注														

检验人：　　　　　　　审核：　　　　　　技术负责人：　　　　　　检验单位（公章）：

见证取样人及编号：

（2）资料要求包括以下内容。

1）砂浆强度以标准养护龄期 28d 的试件抗压试验结果为准，在冬季施工条件下养护时应增加同条件养护的试件，并有测温记录。

2）非标养试块应有测温记录，超龄期试件按有关规定换算为 28d 强度进行评定。

3）砌筑砂浆的验收批，同一类型、强度等级的砂浆试件应不少于 3 组。当同一验收批只有一组试件时，该组试件抗压强度的平均值必须不小于设计强度等级所对应的立方体抗压强度。

4）每一检验批且不超过 250m³ 砌体的各种类型及强度等级的砌筑砂浆，每台搅拌机应至少抽检一次；在砂浆搅拌机出料口随机取样制作砂浆试件（同盘砂浆只应制作一组试件），最后检查试件强度试验报告单。

5）当施工中或验收时出现下列情况，可采用现场检验方法对砂浆和砌体强度进行原位检测或取样检验，并判定其强度：砂浆试件缺乏代表性或试块数量不足；对砂浆试件的试验结果有怀疑或有争议；砂浆试件的试验结果不能满足设计要求。

6）有特殊性能要求的砂浆，应符合相应标准并满足施工标准要求。

7）砌筑砂浆采用重量配合比，如砂浆组成材料有变更，应重新选定砂浆配合比。砂浆所有材料需符合质量检验标准，不同品种的水泥不得混合使用。砂浆的种类、强度等级、稠度、分层度均应符合设计要求和施工标准规定。

6. 混凝土试配试验报告汇总表

混凝土试块强度试验报告汇总表是指为核查用于工程的各种品种、强度等级、数量的混凝土试块，通过汇总达到便于检查的目的。

（1）资料表式见表 4.31。

表 4.31　　　　　　　　　　　　混凝土试块试验报告汇总表

工程名称：　　　　　　　　　　　　　　　　　　　　　　　　　　年　月　日

序号	试验编号	施工部位	留置组数	设计要求强度等级	试块成型日期	龄期	混凝土试块强度等级	备注

填表单位：　　　　　　　审核：　　　　　　　　　制表：

（2）资料要求包括以下内容。

1）混凝土试块强度试验报告汇总表应按施工过程中依次形成的混凝土试块试验报告表式，经核查后全部汇总填写。

2）混凝土试块强度试验报告汇总表的整理按工程进度为序进行。

3）用于检查的试件，应在混凝土的浇筑地点随机抽取。

7. 混凝土强度试配报告单

混凝土强度试配报告单是指施工单位根据设计要求的混凝土强度等级提请试验单位进行混凝土试配，根据试配结果出具的混凝土强度试配报告单。

（1）资料表式见表 4.32。

表 4.32 混凝土强度试配报告单

委托单位：　　　　　　　　　　　　　　　　　　　　　　　　　　试验编号：

工程名称				委托日期	
使用部位				报告日期	
混凝土种类		设计等级		要求坍落度	
水泥品种强度等级		生产厂家		试验编号	
砂规格				试验编号	
外加剂种类及掺量				试验编号	
掺和料种类及掺量				试验编号	
配 合 比					
材料名称	水泥	砂子	石子	水	外加剂	掺和料
用量（kg/m³）						
质量配合比						
搅拌方法		振捣方法		养护条件	
砂率（%）		水灰比		实测坍落度	
依据标准：					
备　注：					
试验单位：	技术负责人：		审核：	试（检）验：	

（2）资料要求包括以下内容。

1）不论混凝土工程量大小、强度等级高低，均应进行试配，并按配比单拌制混凝土，严禁使用经验配合比；不做试配为不正确。

2）申请试配应提供混凝土的技术要求，原材料的有关性能、混凝土的搅拌、施工方法和养护方法，设计有特殊要求的混凝土应特别予以详细说明。

3）混凝土试配应在原材料试配试验合格后进行。

4）试验、审核、技术负责人签字齐全，并加盖试验单位公章。

5）凡现浇框架结构、剪力墙结构、现场预制大型构件、重要混凝土基础以及构筑物、大体积混凝土及其他不同品种、不同强度等级、不同级配的混凝土均应事先送样申请试配，以保证满足设计要求。由试验室根据试配结果签发通知单，施工中如材料与送样有变化时应另行送样，申请修改配合比。承接试配的试验室应由省级以上行业主管部门批准。

6）通常情况下，当建筑材料的供应渠道与材质相对稳定时，施工企业可根据本单位常用的材料，由试验室试配出各种混凝土、砂浆配合比备用，作为一般工程的施工实际配合。在使用过程中根据材料情况及混凝土质量检验结果适当予以调整。遇有下列情况时，应该单独提供混凝土、砂浆试配申请：重要工程或对混凝土性能有特殊要求时，所有原材料的产地、品种和质量有显著变化时，外加剂和掺和料的品种有变化时。

7）混凝土、砂浆配合比严禁采用经验配合比。

8. 混凝土试块试验报告单

混凝土试块试验报告是为保证工程质量，由试验单位对工程中留置的混凝土试块的强度指标进行测试后出具的质量证明文件。

（1）资料表式见表 4.33。

表 4.33　　　　　　　　　　　混凝土试块试验报告

委托单位：　　　　　　　　　　　　　　　　　　　　　　　　　试验编号：

工程名称				委托日期	
结构部位				报告日期	
强度等级		试块边长（mm）		检验类别	
配合比编号				养护方法	
试样编号	成型日期	破型日期	龄　期（d）	强度值（MPa）	强度代表值（MPa）	达设计强度（%）
依据标准：						
备　　注：						
试验单位：　　　　　技术负责人：　　　　　审核：　　　　　试（检）验：						

（2）资料要求包括以下内容。

1）凡现浇框架结构、剪力墙结构、现场预制大型构件、重要混凝土基础以及构筑物、大体积混凝土及其他不同品种、不同强度等级、不同级配的混凝土均应在浇筑地点随机抽取留置试件。

2）混凝土试件由施工单位提供。

3）混凝土强度以标准养护龄期 28d 的试件抗压试验结果为准，在冬期施工条件下养护时应增加同条件养护的试件，并有测温记录。

4）非标准养护试件应有测温记录，超龄期试件按有关规定换算为 28d 强度进行评定。

5）混凝土强度以单位工程按 GB 50204—2002《混凝土结构工程施工质量验收规范》进行质量验收。

6）必须实行见证取样，试验室应在见证取样人名单上加盖公章，经手人签字。

7）有特殊性能要求的混凝土，应符合相应标准并满足施工标准要求。

8）混凝土试件的试验内容。

混凝土试件试验又称混凝土物理力学性能试验，内容有：抗压强度试验、抗拉强度试验、抗折强度试验、抗冻性试验、抗渗性能试验、干缩试验等。对混凝土的质量检验，一般只进行抗压强度试验，对设计有抗冻、抗渗等要求的混凝土应分别按设计有关要求进行试验。

9. 混凝土抗渗性能试验报告

混凝土抗渗性能试验报告是为保证防水工程质量，由试验单位对工程中留置的抗渗混凝土试块的强度指标进行测试后出具的质量证明文件。

（1）资料表式见表 4.34。

表 4.34　　　　　　　　　　混凝土抗渗性能报告单

委托单位：　　　　　　　　　　　　　　　　　　　　　　　　试验编号：

工程名称			使用部门	
混凝土强度等级	C		设计抗渗等级	P
混凝土配合比编号		成型日期		委托日期
养护方法		龄　期		报告日期
试件上表面渗水部位及剖开渗水高度（cm）：　　实际达到压力（MPa）：				
依据标准：				
检验结论：				
备　注：				

试验单位：　　　　技术负责人：　　　　审核：　　　　试（检）验：

（2）资料要求包括以下内容。

1）不同品种、不同强度等级、不同级配的抗渗混凝土均应在混凝土浇筑地点随机留置试块，且至少有 1 组在标准条件下养护，试件的留置数量应符合相应标准的规定。

2）抗渗混凝土强度以标准养护龄期 28d 的试块抗压试验结果为准，在冬期施工条件下养护时应增加同条件养护的试块，并有测温记录。

3）抗渗混凝土试验报告单子项填写齐全。

4）抗渗混凝土强度等级按 GB 50204—2002《混凝土结构工程施工质量验收规范》和 GBJ 107—1987《混凝土强度检验评定标准》进行验收。抗渗性能应符合 GB 50208—2002《地下防水工程质量验收规范》。

5）抗渗必须见证取样，试验室应在见证取样人名单上加盖公章，经手人签字。

10．混凝土强度评定表

混凝土试件抗压强度统计评定表是指单位工程混凝土强度进行综合检查评定用表。主要核查水泥等原材料是否与实际相符，混凝土强度等级、试压龄期、养护方法、试件留置的部位及组数等是否符合设计要求和有关标准的规定。

（1）资料表式见表 4.35。

表 4.35　　　　　　　　　　　　　　　混凝土试件抗压强度统计评定表

评定日期：　　年　月　日　　　　　　　　　　　　　　　　　　编号：

工程名称					施工单位			
强度等级					养护方法			
统计日期	年 月 日至 年 月 日				结构部位			
试件组数 n	强度标准值 $f_{cu,k}$（MPa）	强度平均值 m_{fcu}（MPa）	强度最小值 $f_{cu,min}$（MPa）	标准差 s_{fcu}（MPa）	合格判定系数	试件组数 n		
						10～14	15～24	≥25
					λ_1	1.7	1.65	1.60
					λ_2	0.9	0.85	0.85
每组强度值（MPa）								
评定方法	统计方法（二）				非统计方法			
	$0.90 f_{cu,k}$	$m_{fcu}-\lambda_1 \times f_{cu,k}$	$\lambda_2 \times f_{cu,k}$		$1.15 f_{cu,k}$		$0.95 f_{cu,k}$	
评定公式	$m_{fcu}-\lambda_1 \times f_{cu} \geqslant 0.90 f_{cu,k}$		$f_{cu,min} \geqslant \lambda_2 \times f_{cu,k}$		$m_{fcu} \geqslant 1.15 f_{cu,k}$		$f_{cu,min} \geqslant 0.95 f_{cu,k}$	
结果								
结论								
会签栏	监理（建设）单位			施工单位				
				专业技术负责人		审核		统计
	年 月 日			年 月 日				

（2）资料要求包括以下内容。

1）正确按 GB 50204—2002《混凝土结构工程施工质量验收规范》及 GBJ 107—1987《混凝土强度检验评定标准》对混凝土进行评定。

2）评定数据准确，评定人员符合要求。

3）结构实体用同条件试块汇总、评定纳入结构实体检测资料进行整理归档。

4.3.5 隐蔽工程验收记录

隐蔽工程验收记录是指为下道工序所隐蔽的工程项目，关系到结构性能和使用功能的重要部位或项目的隐蔽检查记录。凡本工序操作完毕，将被下道工序所掩盖、包裹而再无从检查的工程项目，在隐蔽前必须进行隐蔽工程验收。

1. 土建工程主要隐蔽验收内容

（1）土方工程主要隐蔽验收内容包括以下方面。

1）基槽标高、几何尺寸，土质情况。

2）地基处理的填料配比、厚度、密实度。

3）回填土的填料配比、厚度、密实度。

（2）钢筋工程主要隐蔽验收内容包括以下方面。

1）纵向受力钢筋的品种、规格、数量、位置等。

2）钢筋的连接方式、接头位置、接头数量、接头面积百分率等。

3）箍筋、横向钢筋的品种、规格、数量、间距等。

4）预埋件的规格、数量、位置等。

（3）地面工程主要隐蔽验收内容包括地面下的基土、各种防护层及经过防腐处理的结构或连接件。

（4）屋面工程主要隐蔽验收内容包括保温隔热层、找平层、防水层。

（5）防水工程主要隐蔽验收内容包括卷材防水层及胶结材料防水的基层、地下室外墙防水、厨卫间防水层。

（6）装饰工程主要隐蔽验收内容包括装饰工程，地面下的灰土、装饰隐蔽部位的防腐处理等。

（7）完工后无法检查或标准中要求作隐蔽验收的项目。

2. 资料表式

见表 4.36、表 4.37、表 4.38。

3. 资料要求

（1）隐蔽工程验收记录应按专业、分层、分段、分部位按施工程序进行填写。隐蔽工程验收记录按分项工程检验批填写。内容包括位置、标高、材质、品种、规格、数量、焊接接头、防腐、管盒固定、管口处理等，需附图时应附图。

（2）隐蔽工程验收时，施工单位必须附有关分项工程质量验收及测试资料，包括原材料试（化）验单、质量验收记录、出厂合格证等，以备查验。

（3）需要进行处理的，处理后必须进行复验，并且办理复验手续，填写复验日期，并做出复验结论。

（4）工程具备隐检条件后，由专业工长填写隐蔽工程验收记录，由质检员提前 1d 报请监理单位，验收时由专业技术负责人组织专业工长、质量检查员共同参加。验收后由监理单位专业监理工程师（建设单位项目专业技术负责人）签署验收意见及验收结论。

（5）凡未经过隐蔽工程验收或验收不合格的工程，不得进入下道工序施工。

（6）隐蔽工程验收记录上签字、盖章要齐全，参加验收人员须本人签字，并加盖监理（建设）单位项目部公章和施工单位项目部公章。

表 4.36　　　　　　　　　隐蔽工程验收记录（通用）

施工单位：　　　　　　　　　　　　　　　　　　　　　　　编号：

工程编号			分项工程名称	
施工图名称及编号			项目经理	
施工标准名称及代号			专业技术负责人	
隐蔽工程部位	质量要求	施工单位自查情况	监理（建设）单位验收情况	
施工单位自查结论	施工单位项目技术负责人： 　　　　　　　　　　　　　年　月　日			
监理（建设）单位验收结论	监理工程师（建设单位项目负责人）： 　　　　　　　　　　　　　年　月　日			
备　　注				

表 4.37　　　　　　　　　　　**钢筋隐蔽工程验收记录**

年　月　日　　　　　　　　　　　　　　　　　　　　　　编号：

工程名称		隐检项目	
隐蔽验收部位		隐检时间	
隐检依据			

隐检内容：

　1. 纵向受力钢筋的品种、规格、数量、位置；

　2. 钢筋的连接方式、接头位置、接头数量、接头面积百分率；

　3. 箍筋、横向钢筋的品种、规格、数量、间距，预埋件的规格、数量、位置；

　4. 设计变更和钢筋保护层厚度等；

　5. 预应力筋锚具和连接器的品种、规格、数量、位置及护套等；

　6. 预留孔道的规格、数量、位置、形状及灌条孔、排水管等；

　7. 锚固区局部加强构造等。

施工单位自查情况与结论：	钢筋（原材、焊接）检验		
	规格	合格证编号	试验报告编号

监理（建设）单位验收意见与结论：

监理（建设）单位（签章）	施　工　单　位（签章）		
专业监理工程师： （建设单位项目专业技术负责人）	专业技术负责人	质检员	专业工长
年　月　日	年　月　日		

表 4.38　　　　　　　　　　　　　地下防水隐蔽工程验收记录

年　月　日　　　　　　　　　　　　　　　　　　　　　　　　编号：

工程名称		隐检项目及部位	
隐检部位		防水等级	
防水构造		隐检时间	

隐检内容：
　　1. 卷材、涂料防水层及基层；
　　2. 防水混凝土结构和防水层掩盖的部位；
　　3. 变形缝、施工缝等防水构造的做法；
　　4. 管道设备穿过防水层的封固部位；
　　5. 渗漏排水层、盲沟和坑槽；
　　6. 衬砌前围岩渗漏水处理；
　　7. 基坑的超挖和回填。

施工单位自查情况与结论：

监理（建设）单位验收意见与结论：

监理（建设）单位（签章）	施　工　单　位（签章）		
专业监理工程师： （建设单位项目专业负责人）	专业技术负责人	质检员	专业工长
年　月　日	年　月　日		

4.3.6　施工记录

1. 施工记录

施工记录（通用）表式是为未定专项施工记录表式而又需要在施工过程中进行必要记录的施工项目时采用。

（1）资料表式见表 4.39。

表 4.39 _____施工记录表（通用）

工程名称		验收日期	
施工内容			
施工依据与材质			
问题与处理意见			
鉴定意见与建议			
参加验收单位及人员			

项目技术负责人：　　　　　质检员：　　　　　　记录人：

（2）资料要求包括以下内容。

1）凡相关专业技术施工质量验收规范中主控项目或一般项目的检查方法中要求进行检查施工记录的项目，均应按资料的要求对该项施工过程完成后对成品质量进行检查并填写施工记录。存在问题时应有处理建议。

2）施工记录应按表式内容逐一填写。

3）施工记录表由项目经理部的专职质量检查员或工长实施记录，由项目技术负责人审定。

2. 地基钎探记录

地基钎探主要是为了探明基底下对沉降影响最大的一定深度内的土层情况而进行的记录，基槽完成后，一般均应按设计要求或施工标准规定进行钎探。

（1）资料表式见表 4.40。

表 4.40 地 基 钎 探 记 录

工程名称： 施工单位：

探点编号	钎探方式		直径：				钎探日期：		探点布置及处理部位示意图
	锤 击 数								
	合计	0～30 (cm)	30～60 (cm)	60～90 (cm)	90～120 (cm)	120～150 (cm)	150～180 (cm)	180～210 (cm)	
									结论

工程质量负责人： 质检员： 钎探人：

（2）资料要求包括以下内容。

1）地基钎探记录主要包括钎探点平面布置图和钎探记录。

2）钎探点平面布置图应与实际基槽一致，应标出方向，基槽各轴线、各轴号要与设计基础图一致。确定钎探点布置及顺序编号。钎探点平面布置图也可以在表外另附图。

3）钎探记录由钎探负责人负责组织钎探并记录，专业工长要对钎探点的布设和各步锤击数进行检查，专业技术负责人审核并签证。

4）地基钎探记录表原则上应用原始记录表，受损严重的可以重新抄写，但原始记录仍要原样保存，重新抄写好的记录数据、文字应与原件一致，要注明原件处及有抄写人签字。

3. 地基验槽记录

地基土是建筑物的基石，认真细致地进行地基验槽，及时发现并慎重处理好地基施工中出现的有关问题，是保证地基土符合设计要求的一项重要措施。同时可以丰富和提高工程勘察报告的准确程度。

（1）资料表式见表4.41。

表 4.41　　　　　　　　　　地 基 验 槽 记 录

工程名称：　　　　　　　　　　　　　　　　　　　施工单位：

建筑面积		项目经理	
开挖时间		项目技术负责人	
完成时间		质检员	
验收时间		记录人	
项　　次	项　　　　目	查验情况	附图或说明
1	土壤类别		
2	基底是否为老土		
3	地基土的均匀、致密程度		
4	地下水情况		
5	有无坑、穴、洞、窑、墓		
6	其他		
初验结论			
复验结论			

建设单位	监理单位	设计单位	勘察单位	施工单位

（2）资料要求包括以下内容。

1）填写内容齐全，基土的均匀程度和地基土密度，以及有无坑、穴、洞、古墓等，签字盖章齐全。

2）地基需处理时，须有设计部门的处理方案。处理后应经复验并注明复验意见。

3）对有地基处理或设计要求处理及注明的地段、处理的方案、要求、实施记录及实施后的验收结果，应作为专门问题进行处理，归档编号。

4）地基验槽除设计有规定外，均应提供地基钎探记录资料，没有地基钎探时应补探。

5）地基验收必须在有当地质量监督部门监督的情况下进行地基验槽，由建设、设计、施工、监理各方签证为符合要求；否则为不符合要求。

4. 混凝土施工记录

混凝土施工记录是指不论混凝土浇筑工程量大小，对环境条件、混凝土配合比、浇筑部位内容结果进行实记录。

（1）资料表式见表4.42。

表 4.42　　　　　　　　　　　混凝土工程施工记录

编号：

工程名称				施工单位			
混凝土强度等级			操作班组			气象	
						风力	
混凝土配比单编号			浇筑部位		气温 （℃）	最高	
						最低	
材料 混凝土配合比	水泥 （kg）	砂 （kg）	石 （kg）	水 （kg）	外加剂名称及用量 （kg）		外掺混合材料 名称及用量 （kg）
配合比							
每立方米用量							
每盘用量							
浇筑时间		年　月　日　时　至　　年　月　日　时					
搅拌、运输、振捣、 养护方法							
当班完成混凝 土数量（m³）							
浇筑过程记录	坍落度检测： 试块留置： 施工缝处理：						
备　　注							
专业技术负责人：　　　质检员：　　　施工工长：　　　试验员：							

（2）资料要求包括以下内容。

1）混凝土工程施工记录应按表中要求填写浇筑部位，天气情况，配比单编号。

2）配合比按试验室提供的配比填写，每盘用量应按施工配比填写，根据施工情况及时测试砂、石含水率，调整配比，由试验配比转变为施工配比。

3）在混凝土浇筑过程中要及时检查坍落度，冬季施工时大体积混凝土还要做测温记录。

4.3.7　质量事故处理记录及质量检测、加固处理文件

1. 质量事故处理记录

凡因工程质量不符合规定的质量标准，影响使用功能或设计要求的质量事故在初步调查的基础上所填写的事故报告。

（1）资料表式见表 4.43。

表 4.43   工 程 质 量 事 故 报 告

事故部位			报告日期		
事故性质	设计错误		交底不清		违反操作规程
事故发生日期					
事故等级					
直接责任者		职务		损失金额	
事故经过和原因分析：					
事故处理意见：					
企业负责人： 企业技术负责人： 项目经理：					

（2）资料要求包括以下内容。

1）工程质量事故的内容及处理建议应填写具体、清楚。

2）有当事人及有关领导的签字及附件资料。

3）事故经过及原因分析要尊重事实、尊重科学、实事求是。

（3）工程建设重大质量事故包括以下方面。

1）工程建设过程中发生的重大质量事故。

2）由于勘察、设计、施工等过失造成工程质量低劣，而在交付使用后发生重大质量事故。

3）因工程质量达不到合格标准，而需要加固补强、返工或报废，且经济损失达到重大质量事故级别的重大质量事故。

（4）一般工程质量事故。凡对使用功能和工程结构安全造成永久性缺陷的，均应视为一般质量事故。

2. 质量检测、加固报告文件

工程结构、安装等分部中出现需要检测的，其检测文件、设计复核认可文件、加固补强方案以及补强验收文件等，应进行汇总归档。

4.4 工程质量验收资料的整理

4.4.1 工程质量验收的划分与程序

1. 工程质量验收的划分

建设工程质量验收划分为单位（子单位）、分部（子分部）、分项工程和检验批。

2. 工程质量验收的程序

（1）检验批的质量验收。

（2）分项工程质量验收。

（3）分部（子分部）工程质量验收。

（4）单位（子单位）工程质量验收。

单位工程施工质量验收必须按以上顺序依序进行，报送资料逆向依序编制。

4.4.2 检验批的质量验收

1. 主控项目和一般项目

主控项目包括重要原材料、成品、半成品、设备及附件的材质证明或检（试）验报告；结构强度、刚度等检验数据、工程质量性能的检测；一些重要的允许偏差项目，必须控制在允许偏差限值之内。

一般项目是指允许有一定的偏差或缺陷，以及一些无法定量的项目（如油漆的光亮光滑项目等），但又不能超过一定数量的项目。

主控项目和一般项目的质量经抽样检验合格。具有完整的施工操作依据、质量检查记录。

2. 资料表式

资料表式见表4.44。

表 4.44　检验批质量验收记录表

工程名称			分项工程名称			验收部位		
施工单位			专业工长			项目经理		
施工执行标准名称及编号								
分包单位			分包项目经理			施工班组长		
		质量验收规范的规定		施工单位检查评定记录		监理（建设）单位验收记录		
主控项目	1							
	2							
	3							
	4							
	5							
	6							
	7							
	8							
一般项目	1							
	2							
	3							
	4							
施工单位检查评定结果	项目专业质量检查员： 年　月　日							
监理（建设）单位验收结论	专业监理工程师： （建设单位项目专业技术负责人） 年　月　日							

注 地基基础、主体结构工程的检验质量验收不填写"分包单位"和"分包项目经理"。

3. 资料要求

（1）主控项目和一般项目的质量经抽样检验合格。

（2）具有完整的施工操作依据、质量检查记录。

（3）施工执行标准名称及编号填写企业标准或行业推荐性标准。

（4）施工单位检查评定结果是施工单位自行检验合格后，注明"合格"。

（5）监理单位在验收时，对主控项目、一般项目应逐项进行验收，对符合验收规范的项目，填写"合格"或"符合要求"，在验收结论里统一填写"同意验收"，并由专业监理工程师（建设单位项目技术负责人）签字，填写验收日期。

4.4.3　分项工程质量验收

（1）资料表式见表 4.45。

表 4.45　　　　　　　　　　　　分项工程质量验收记录表

工程名称		结构类型		检验批数	
施工单位		项目经理		项目技术负责人	
分包单位		分包单位负责人		分包项目经理	
序号	检验批名称及部位、区段		施工单位检查评定记录	监理（建设）单位验收记录	
1					
2					
3					
4					
5					
6					
检查结论	项目专业技术负责人： 年　月　日		验收结论	监理工程师： （建设单位项目专业技术负责人） 年　月　日	

注　1. 地基基础、主体结构工程的分项工程质量验收不填写"分包单位"和"分包项目经理"。

　　2. 当同一分项 2 栏存在多项检验址时，应填写检验址名称。

（2）资料要求包括以下内容。

1）分项工程所含的检验批均应符合合格质量的规定。

2）分项工程含的检验批的质量验收记录应完整。

3）分项工程的验收由施工单位项目专业技术负责人进行检查评定，由监理单位专业监理工程师进行验收。

4）验收批部位、区段，施工单位检查评定结果，是由施工单位项目专业质量检查员填写；检查结论由施工单位的项目专业技术负责人填写并签字；验收结论由专业监理工程师审查后填写，同意项填写"合格或符合要求"并签字确认，不同意项不填写，并提出存在问题和处理意见。

（3）分项工程质量的验收是在检验批验收的基础上进行的，只是一个统计过程，但也有一些在检验批验收中没有的内容，在分项验收时应该注意以下方面。

1）核对检验批的部位、区段是否全部覆盖分项工程的范围，有没有缺漏的部位没有验收到。

2）一些在检验批中无法检验的项目，在分项工程中直接验收。如砖砌体工程中的全高垂直度、砂浆强度的评定等。

3）检验批验收记录的内容及签字人是否正确、齐全。

4.4.4 分部（子分部）工程质量验收

分部（子分部）工程质量验收是对分项工程的质量进行检查验收后，对有关工程质量控制资料、安全及功能的检验和抽样检测结果的资料核查，以及观感质量进行评价。

（1）验收主要内容包括以下方面。

1）分项工程：检查每个分项工程验收是否正确；查对所含分项工程，有没有漏、缺的分项工程，或是没有进行验收；检查分项工程的资料完整不完整，每个验收资料的内容是否有缺漏项，以及分项验收人员的签字是否齐全及符合规定。

2）质量控制资料核查：核查和归纳各检验批、分项的验收记录资料，查对其是否完整；核对各种资料的内容、数据及验收人员的签字是否规范。

3）安全和功能检验（检测）资料核查：检查各标准中规定的检测的项目是否都进行了验收，不能进行检测的项目应该说明原因；检查各项检测记录（报告）的内容、数据是否符合要求，包括检测项目的内容，所遵循的检测方法标准、检测结果的数据是否达到目的规定的标准；检查资料的检测程序，有关取样人、检测人、审核人、试验负责人，以及公章签字是否齐全等。

4）观感质量验收：观感质量验收是一个辅助项目，没有具体标准，由检查人员宏观掌握。

可以评为一般、好、差、有影响安全或使用功能的项目，不能评价，应修理后再评价。

（2）资料表式见表 4.46。

（3）资料要求包括以下内容。

1）分部（子分部）工程所含分项工程的质量均应验收合格。

2）质量控制资料应完整。

3）地基与基础、主体结构和设备安装等分部工程有关安全及功能的检验和抽样检测结果应符合有关规定。

4）观感质量验收应符合要求。

4.4.5 单位工程质量竣工验收

单位（子单位）工程质量验收由五部分内容组成，即分部工程、质量控制资料核查、安全和主要使用功能核查及抽查结果、观感质量验收、综合验收结论。每一项内容都有自己的专门验收记录表，是一个综合性的表，是各项验收合格后填写的。

（1）资料表式见表 4.47。

（2）资料要求包括以下内容。

1）单位（子单位）工程由建设单位（项目）负责人组织施工单位（含分包单位）、设计单位、监理等单位（项目）负责人进行验收。参加验收单位应加盖公章，并由单位负责人签字，控制资料核查、安全检验资料及观感评定表，由施工单位项目经理和总监理工程师（建设单位项目负责人）签字。

2）验收内容符合要求，验收结论以"同意验收"填写；不符合要求的项目，应进行相关程序进行处理。

3）综合验收结论由建设单位填写，工程满足合格要求时，可填写为"通过验收"。

4）建设单位、监理单位、施工单位、设计单位对工程验收后，其各单位的单位项目负责人要亲自签字，并加盖单位公章（注明签字验收的年、月、日）。

表 4.46　　　　　　　　　**分部（子分部）工程质量验收记录表**

工程名称			结构类型		层　数	
施工单位			技术部门负责人		质量部门负责人	
分包单位			分包单位负责人		分包技术负责人	
序号	分项工程名称		检验批数	施工单位检查评定	验收意见	
1						
2						
3						
4						
5						
6						
质量控制资料						
安全和功能检验（检测）报告						
观感质量验收						
验收单位	分包单位		项目经理：		年　月　日	
	施工单位		项目经理：		年　月　日	
	勘察单位		项目负责人：		年　月　日	
	设计单位		项目负责人：		年　月　日	
	监理（建设）单位		总监理工程师： （建设单位项目专业负责人）		年　月　日	

注　1. 地基基础、主体结构分部工程质量验收不填写"分包单位"、"分包单位负责人"和"分包技术负责人"。

　　2. 地基基础、主体结构分部工程验收勘察单位应签认，其他分部工程验收勘察单位可不签认。

表 4.47　　　　　　　　　单位（子单位）工程质量竣工验收记录

工程名称		结构类型		层数/建筑面积	
施工单位		技术负责人		开工日期	
项目经理		项目技术负责人		竣工日期	

序号	项　　目	验　收　记　录	验　收　结　论
1	分部工程	共　分部，经查　分部，符合标准及设计要求　分部	
2	质量控制资料核查	共　分部，经查符合要求　项，经核定符合规格要求　项	
3	安全和主要功能核查及抽查结果	共核查　项，符合要求　项，经返工处理符合要求　项	
4	观感质量验收	共抽查　项，符合要求　项，不符合要求　项	
5	综合验收结论		

	建设单位	监理单位	施工单位	设计单位
参加验收单位	（公章） 单位（项目）负责人： 　　　年　月　日	（公章） 总监理工程师： 　　　年　月　日	（公章） 单位负责人： 　　　年　月　日	（公章） 单位（项目）负责人： 　　　年　月　日

4.4.6　单位（子单位）工程质量控制资料核查记录

（1）资料表式见表 4.48。

表 4.48　　　　　　　　　单位（子单位）工程质量控制资料核查记录

工程名称			施工单位		
序号	项目	资　料　名　称	份数	核查意见	核查人
1		图纸会审、设计变更、洽商记录			
2		工程定位测量、放线记录			
3		原材料出厂合格证书及进场检（试）验报告			
4		施工试验报告及见证检测报告			
5		隐蔽工程验收记录			
6	建筑与结构	施工记录			
7		预制构件、预拌混凝土合格证			
8		地基基础、主体结构检验及抽样检测资料			
9		分项、分部工程质量验收记录			
10		工程质量事故及事故调查处理资料			
11		新材料、新工艺施工记录			

工程名称			施工单位		
序号	项目	资 料 名 称	份数	核查意见	核查人
1	给排水与采暖	图纸会审、设计变更、洽商记录			
2		材料、配件出厂合格证书及进场检（试）验报告			
3		管道、设备强度试验、严密性试验记录			
4		隐蔽工程验收记录			
5		系统清洗、灌水、通水、通球试验记录			
6		施工记录			
7		分项、分部工程质量验收记录			
1	建筑电气	图纸会审、设计变更、洽商记录			
2		材料、配件出厂合格证书及进场检（试）验报告			
3		设备调试记录			
4		接地、绝缘电阻测试记录			
5		隐蔽工程验收记录			
6		施工记录			
7		分项、分部工程质量验收记录			
1	通风与空调	图纸会审、设计变更、洽商记录			
2		材料、设备出厂合格证书及进场检（试）验报告			
3		制冷、空调、水管道强度试验、严密性试验记录			
4		隐蔽工程验收记录			
5		系统清洗、灌水、通水、通球试验记录			
6		制冷设备运行调试记录			
7		通风、空调系统调试记录			
8		分项、分部工程质量验收记录			
1	电梯	图纸会审、设计变更、洽商记录			
2		设备出厂合格证书及开箱检验记录			
3		隐蔽工程验收记录			
4		施工记录			
5		接地、绝缘电阻测试记录			
6		负荷试验、安全装置检查记录			
7		分项、分部工程质量验收记录			
1	智能建筑	图纸会审、设计变更、洽商记录			
2		材料、设备出厂合格证书及技术文件及进场检（试）验报告			
3		隐蔽工程验收记录			
4		系统功能测定及设备调试记录			
5		系统技术、操作和维护手册			
6		系统管理、操作人员培训记录			
7		系统检测报告			
8		分项、分部工程质量验收记录			

续表

工程名称			施工单位		
序号	项目	资 料 名 称	份数	核查意见	核查人
结论:					

施工单位项目经理：　　　　　　　　　　　　总监理工程师：

　　　年 月 日　　　　　　　　　　　　（建设单位项目负责人）　　　年 月 日

（2）资料要求包括以下内容。

1）单位（子单位）工程质量控制资料核查记录表内容较多，应按 GB 50300—2001《建筑工程施工质量验收统一标准》附录 G 表 G.0.1-2 逐项进行检查。

2）由总监理工程师组织各专业监理工程师及施工单位项目经理进行核查、汇总，填写资料份数（不能按页数，按项目名称进行汇总）。

3）核查意见为检查各项资料内容的结果，填写"符合要求"；核查人为各专业监理工程师；有合理缺项时用"/"注明。

4）结论是对整个工程质量控制资料核查的结论性意见，应为"完整"；不完整时应进行处理。并由施工单位的项目经理签字，监理工程师核查后签字有效。

4.4.7　单位（子单位）工程安全和功能检验资料核查及主要功能抽查记录表

（1）资料表式见表 4.49。

（2）资料要求包括以下内容。

1）单位（子单位）工程安全和功能检验资料核查及主要功能抽查记录表，应按 GB 50300—2001《建筑工程施工质量验收统一标准》附录 G 表 G.0.1-3 逐项进行检查。

2）由总监理工程师组织各专业监理工程师及施工单位项目经理对工程安全和功能检验资料核查，验收时对主要功能进行抽查。

3）份数栏填写工程安全和功能检验资料的核查份数，写明意见，是否"符合要求"，填入核查意见栏，当不符合要求时应进行处理。

4）抽查结果是指对工程进行的主要功能抽查的结论性意见，符合要求时将"符合要求"填入抽查结果栏内。

5）核查（抽查）人为各专业监理工程师，有合理缺项时用"/"注明。

6）结论是对整个工程安全和功能检验资料核查及主要功能抽查的结论性意见，应为"完整"，不完整时应进行处理。

4.4.8　单位（子单位）工程观感质量检查记录表

（1）资料表式见表 4.50。

（2）资料要求包括以下内容。

1）工程观感质量检查是一个综合验收，包含项目较多，进行检查前，应首先确定检查部位和数量。

表 4.49　　单位（子单位）工程安全和功能检验资料核查及主要功能抽查记录

工程名称			施工单位				
序号	项目	安 全 和 功 能 检 查 项 目	份数	核查意见	抽查结果	核 查（抽查）人	
1	建筑与结构	屋面淋水试验记录					
2		地下室防水效果检查记录					
3		有防水要求的地面蓄水试验记录					
4		建筑物垂直度、标高、全高测量记录					
5		抽气（风）道检查记录					
6		幕墙及外窗气密性、水密性、耐风压检测报告					
7		建筑物沉降观测记录					
8		节能、保温测试记录					
9		室内环境检测报告					
10							
1	给排水与采暖	给水管道通水试验记录					
2		暖气管道、散热器压力试验记录					
3		卫生器具满水试验记录					
4		消防管道、燃气管道压力试验记录					
5		排水干道通球试验记录					
6							
1	电气	照明全负荷试验记录					
2		大型灯具牢固性试验记录					
3		避雷接地电阻测试记录					
4		线路、插座、开关接地检验记录					
5							
1	通风与空调	通风、空调系统试运行记录					
2		风量、温度测试记录					
3		洁净室洁净度测试记录					
4		制冷机组试运行调试记录					
5							
1	电梯	电梯运行记录					
2		电梯安全装置检测报告					
1	智能建筑	系统试运行记录					
2		系统电源及接地检测报告					
3							

结论：

施工单位项目经理：　　　　　　　　　　总监理工程师：
　　　　年　月　日　　　　　　（建设单位项目负责人）　　　　　年　月　日

表 4.50　　　　　单位（子单位）工程观感质量检查记录

工程名称			施工单位								
序号	项　　目		抽 查 质 量 状 况						质量评价		
									好	一般	差
1	建筑与结构	室外墙面									
2		变形缝									
3		水落管、屋面									
4		室内墙面									
5		室内顶棚									
6		室内地面									
7		楼梯、踏步、护栏									
8		门窗									
1	给排水与采暖	管道接口、坡度、支架									
2		卫生器具、支架、阀门									
3		检查口、扫除口、地漏									
4		散热器、支架									
1	建筑电气	配电箱、盘、板、接线盒									
2		设备器具、开关、插座									
3		防雷、接地									
1	通风与空调	风管、支架									
2		风口、风阀									
3		风机、空调设备									
4		阀门、支架									
5		水泵、冷却塔									
6		绝热									
1	电梯	运行、平层、开关门									
2		层门、信号系统									
3		机房									
1	智能建筑	机房设备安装及布局									
2		现场设备安装									
3											
感观质量综合评价											
检查结论	施工单位项目经理： 　　年　月　日		总监理工程师： （建设单位项目负责人）　　年　月　日									

2）由总监理工程师负责组织各专业监理工程师、项目经理以及相关的主要技术、质量负责人进行检查。

3）"抽查质量状况"栏中，一般每个子项目抽查 10 个点，可以设定代号表示，如"好"、"一般"、"差"分别用"√"、"△"、"×"表示。

4）"质量评价"按抽查质量状况的数理统计结果，权衡给出"好"、"一般"、"差"的评价。

5）"观感质量综合评价"可由参加观感质量检查的人员根据子项目质量情况进行评价，结果权衡得出。

4.5 工程安全和功能检验资料的整理

为确保工程的安全和使用功能，工程在建设过程中以及竣工时需要对工程进行安全和功能质量项目的抽验检查，工程安全功能检查措施是落实规范中"完善手段"的具体要求。

4.5.1 淋（防）水试验记录

淋（防）水试验记录是在施工过程中对有防水要求的屋面或地面蓄水防水功能检（试）验过程的记录。

1. 资料表式

资料表式见表 4.51。

表 4.51   **淋防水试验记录（通用）**

工程名称		施工单位	
建筑面积		结构形式	
试水日期	年 月 日 时起 年 月 日 时止	试水部位	
试水简况：			
检查结果：			
复查结果：			
评定意见：			年 月 日

会签栏	监理（建设）单位	施 工 单 位		
		专业技术负责人	质检员	试验员
	年 月 日	年 月 日		

2. 资料要求

（1）屋面防水工程均应进行淋（蓄）水试验，对凸出屋面部分（管根部位、烟道根部等）应重点进行检查并做好记录。

（2）防水工程验收记录应有检查结果，写明有无渗漏。

（3）设计对混凝土有抗渗要求时，应提供混凝土抗渗试验报告单。

（4）按要求检查，内容、签字齐全为正确，无记录或后补记录为不正确。

4.5.2　有防水要求的地面蓄水试验记录

有防水要求的地面蓄水试验记录按淋（防）水试验记录（通用）表执行。

4.5.3　地下工程（室）防水效果检查试验记录

地下室防水效果检查记录是在施工过程中对地下室外墙有防水要求的部位所做的防水试验记录。

1. 资料表式

资料表式见表4.52。

表 4.52　　　　　地下工程（室）防水效果检查试验记录（通用）

工程名称			结构类型		
防水等级			检查部位		
背水内表面的结构工程展开图	内墙、地板、拱顶（渗漏水现象描述用的标识符号）：				
自查结果	1. 裂缝：				
	2. 渗漏水现象：				
	3. 防水等级标准容许的渗漏水现象位置：				
处　理	经修补，堵漏的渗漏水部位：				
结　论					
会签栏	监理（建设）单位	施　工　单　位			
		专业技术负责人	质检员	试验员	
	年　月　日	年　月　日			

2. 资料要求

（1）地下室的防水工程验收时有条件的应在施工后做花管淋水 2h 试验；或者在回填后以及雨后进行检查，检查后注明有无渗漏现象以及检查结果。

（2）按要求检查，内容签字齐全为正确。

（3）设计对混凝土有抗渗要求时，应提供混凝土抗渗试验报告单。

（4）无记录或后补记录为不正确。

4.5.4 建筑物垂直度、标高、全高测量记录

建筑物垂直度、标高、全高测量记录是对建筑物垂直度、标高、全高在施工过程中和竣工后进行的测量记录。

1. 资料表式

资料表式见表4.53。

表 4.53　　　　　　　　　　　**建筑物垂直度、标高、全高测量记录**

施工单位：　　　　　　　　　　　　　　　　　　　　　　　　　　　　　编号：

工程名称		施工部位			检测日期		年　月　日	
项　目	测量部位与编号							
垂直度测量	允许偏差(mm)							
	实测值(mm)							
标高测量	允许偏差(mm)							
	实测值(mm)							
全高测量	允许偏差(mm)							
	实测值(mm)							
检测说明（附检测部位及编号示意图）：								
结论：　　　　　　　　　　　　　　　　　　　　　　　　　　　　　年　月　日								
会签栏	监理（建设）单位		施　工　单　位					
			专业技术负责人		质检员		试验员	
	年　月　日		年　月　日					

2. 资料要求

（1）现场测量项目必须是在测量现场进行，由施工单位的专业技术负责人牵头，专职质量检查员详细记录，建设单位或监理单位的专业监理工程师参加。

（2）现场原始记录须经施工单位的技术负责人和专职质量检查员签字，建设（监理）单位的参加人员签字后有效并存档，作为整理资料的依据以备查。

（3）测量记录内的主要项目应齐全，不齐全时应重新进行复测。

4.5.5 抽气（风）道检查记录

1. 资料表式

资料表式见表4.54。

表 4.54   抽 气 （风） 道 检 查 记 录

施工单位：   编号：

工程名称						检查日期	
检查部位	检查部位和检查结果					检查人	复查人
	主抽气（风）道		副抽气（风）道		垃圾道		
	抽气道	风道	抽气道	风道			
结论：							
会签栏	监理（建设）单位		施 工 单 位				
			专业技术负责人		质检员		试验员
	年　月　日		年　月　日				

2. 资料要求

（1）抽气道、风道必须 100% 检查，检查数量不足为不符合要求。

（2）按要求检查，内容完整、签章齐全为符合要求，无记录或后补记录的不符合要求。

（3）检查应做好自检记录。

（4）抽气道、风道进行检查以外，还要进行外观检查，两项检验均合格后，才可验收。

（5）检查项目应齐全，签字有效。

4.5.6 幕墙及外窗气密性、水密性、耐风压检测报告

工程竣工前具有相应资质的检测单位检测并出具幕墙及外窗气密性、水密性耐风压检测报告。

1. 资料表式

资料表式见表 4.55。

2. 资料要求

（1）必须实行见证送样的，试验室应在送样单上加盖公章和经手人、送样人签字，不执行见证送样为不符合要求。

（2）应检项目内容应全部检查，不得漏检。

（3）表内四项性能检测，由有相应资质的检测机构进行检测，检测报告附后。

（4）性能评定结果，按依据标准填写，评定结果为合格或不合格。

（5）所有责任人签字有效，不得代签或漏签。

表 4.55　　　　　　　**幕墙及外窗气密性、水密性、耐风压检测报告**

施工单位：　　　　　　　　　　　　　　　　　　　　　　编号：

工程名称		试验日期	
幕墙类别		试验编号	
风压变形性能		雨水渗透性能	
空气渗透性能		平面内变形性能	
性能结果评定	依据标准：		
会签栏	监理（建设）单位	施 工 单 位	
		专业技术负责人	质检员	试验员
	年　月　日	年　月　日		

第5章 竣工验收资料整理

竣工验收资料是指在工程项目竣工验收活动中形成的资料。包括工程验收总结，竣工验收记录，财务文件，声像、缩微、电子档案等。

5.1 工程竣工总结

5.1.1 工程概况表

工程概况表为工程竣工验收合格后由建设单位组织编写的工程的一般情况、结构特征等的简介，其主要内容参见表5.1。

表 5.1 工程概况表

建设单位		项目批准文件	
工程名称		建筑面积	
结构类型		层　数	
监理单位		资质等级	
勘察单位		资质等级	
设计单位		资质等级	
施工单位		资质等级	
开工日期		竣工日期	
监理单位负责人		总监理工程师	
建设单位负责人		驻工地代表	
施工单位负责人		技术负责人	
质量等级			
结构及装修概况	基础		
	主体结构		
	屋面		
	楼、地面		
	门、窗		
	外装饰		
	内装饰		
	水、暖、卫		
	电气		
附注：			

复核人：　　　　　　　　　　　　　　　　　　　　　　　填表人：

5.1.2 工程竣工总结

1. 工程竣工施工总结

见"4.1.7 工程竣工施工总结"。

2. 监理工作总结

见"3.1.12 监理工作总结"。

3. 设计总结

设计总结指通过对本项目设计工作的回顾，总结初步设计、施工图设计、设计服务等方面的工作成绩和经验，找出存在的问题和教训。

4. 建设管理总结

目的是通过对本项目建设管理工作的回顾，总结工程前期准备、项目合同管理、质量控制、投资控制和进度控制等方面工作的成绩和经验，找出存在的问题和教训。

5.2　工 程 竣 工 验 收 资 料

工程竣工验收资料一般包括建设工程质量验收记录、竣工验收证明书、竣工验收报告、竣工验收备案表、工程质量保修书 5 部分。

5.2.1　建设工程质量验收记录

工程施工质量验收是工程建设质量控制的一个重要环节，它包括工程质量的中间验收和工程的竣工验收两个方面。通过对工程建设中间产品和最终产品的质量验收，从过程控制和终端把关两个方面进行工程的质量控制，以确保达到业主所要求的功能和使用价值，实现建设投资的经济效益和社会效益。

工程项目的竣工验收，是项目建设程序的最后一个环节，是全面考核项目建设成果，检查设计与施工质量，确认项目能否投入使用的重要步骤。竣工验收的顺利完成，标志着项目建设阶段的结束和生产使用阶段的开始。尽快完成竣工验收工作，对促进项目早日投入使用，发挥投资效益，有着非常重要的意义。

建设工程质量验收划分为单位（子单位）、分部（子分部）、分项工程和检验批。具体见"4.4 工程质量验收资料的整理"所述。

5.2.2　竣工验收证明书

自实行竣工验收备案制度后，建设工程质量监督部门不再签发工程质量竣工核实证书，而是质量监督机构对工程监督完毕后，由质量监督工程师在建设工程建设单位组织竣工完毕后 5 日内写出质量监督报告，上报政府建设行政主管部门的备案部门。

竣工验收证明书主要包括勘察、设计、施工、监理单位的工程质量竣工报告（合格证明书）；规划、节能、消防、环保、气象等部门出具的工程认可文件（竣工验收证明书）。

5.2.3　竣工验收报告

在工程竣工验收合格后，建设单位提供的工程竣工验收报告应当包括工程开工及竣工的时间，施工许可证号，施工图及设计文件审查意见，建设、设计、勘察、监理、施工单位分别签署的质量合格文件及验收人员签署的竣工验收原始文件，有关工程质量的检测资料等。

（1）竣工验收报告由建设单位负责填写。格式见表 5.2，包括竣工项目审查、工程质量评定。

（2）竣工验收报告一式 4 份，一律用钢笔书写，字迹要清晰工整。建设单位、施工单位、城建档案管理部门、建设行政主管部门或其他有关专业工程主管部门各存 1 份。

（3）报告须经建设、设计、施工图审查机构、施工、工程监理单位法定代表人或其委托代理人签字，并加盖单位公章后方为有效。

表 5.2   建设工程竣工验收报告

建设工程竣工验收报告

×××建设管理局

竣 工 项 目 审 查

工程名称		工程地址		
建设单位		结构形式		
勘察单位		层　数		栋数
设计单位		工程规模		
施工图 审查机构		开工日期	年 月 日	
监理单位		竣工日期	年 月 日	
施工单位		施工许可证号	总造价	

审查项目及内容	审 查 情 况
一、完成设计项目情况 1. 基础、主体、室内外装饰工程 2. 给排水工程、燃气工程、消防工程 3. 建筑电气安装工程 4. 通风与空调工程 5. 电梯、电扶梯安装工程 6. 室外工程	
二、完成合同约定情况 1. 总包合同约定 2. 分包合同约定 3. 专业承包合同约定	
三、技术档案和施工管理资料 1. 建设前期、施工图设计审查等技术档案 2. 监理技术档案和管理资料 3. 施工技术档案和管理资料	
四、试验报告 1. 主要建筑材料 2. 构配件 3. 设备	
五、质量合格文件 1. 勘察单位 2. 设计单位 3. 施工图审查单位 4. 施工单位 5. 监理单位	
六、工程质量保修书 1. 总、分包单位 2. 专业施工单位	

审查结论：

建设单位工程负责人：

年 月 日

工 程 质 量 评 定

分部工程评定	质量保证资料	观感质量评定
共　　分部 其中符合要求　　分部 地基与基础分部质量情况 主体分部质量情况 装饰分部质量情况 安装主要分部质量情况	共核查　　项 其中符合要求　　项 经鉴定符合要求　　项	好 一般 差

单位工程评定等级：

建设单位负责人（公章）：
年　月　日

存在问题：

5.2.4 竣工验收备案

　　建设工程经竣工验收合格后办理竣工验收备案手续前，建设单位还应填写《建设工程竣工验收备案表》。该表见表 5.3。

表 5.3　　　　　　　　　　　　　建设工程竣工验收备案表

编号：

建设工程竣工验收备案表

工程名称：

建设单位：

×××建设委员会制

续表

工程名称				
工程地址				
建筑面积（m²）/工程造价（万元）				
规划许可证号		工程类别		
施工许可证号		结构类型		
开工时间		竣工验收时间		
单 位 名 称		资质等级	法定代表人	联系电话
建设单位：				
勘察单位：				
设计单位：				
施工单位：				
监理单位：				
工程质量监督机构：				

　　本工程已按《建设工程质量管理条例》第十六条规定进行了竣工验收，并且验收合格。依据《建设工程质量管理条例》第四十九条规定，所需文件已齐备，现报送备案。

建设单位（公章）

法定代表人（签字）		备案日期	

续表

竣工验收意见	勘察单位意见	法定代表人（签字）：　　　　　　　　　　　　　　　年　月　日（公章）
	设计单位意见	法定代表人（签字）：　　　　　　　　　　　　　　　年　月　日（公章）
	施工单位意见	法定代表人（签字）：　　　　　　　　　　　　　　　年　月　日（公章）
	监理单位意见	法定代表人（签字）：　　　　　　　　　　　　　　　年　月　日（公章）
	建设单位意见	法定代表人（签字）：　　　　　　　　　　　　　　　年　月　日（公章）

141

续表

工程竣工验收备案文件目录	1. 工程竣工验收报告；
	2. 工程施工许可证；
	3. 单位工程质量综合验收文件；
	4. 市政基础设施的有关质量检测和功能性试验资料；
	5. 备案机关认为需要提供的有关资料；
	6. 规划、公安消防、环保等部门出具的认可文件或者准许使用文件；
	7. 施工单位签署的工程质量保修书；
	8. 商品住宅的《住宅质量保证书》和《住宅使用说明书》；
	9. 法规、规章规定必须提供的其他文件。

该工程的竣工验收备案文件已于　　年　月　日收讫。

备注：

　　1. 工程参建各方必须依照法律、法规、规章的有关规定承担各自质量责任，严格履行保修义务。

　　2. 本备案是单位工程（子单位工程或合同标段）竣工验收备案，建设项目总体竣工后，建设单位应当按照有关法律、法规、规章办理其他验收。

　　3. 供水、供电、供热、供气、绿化、邮电、通讯、安防、卫生防疫等未尽事宜，由建设单位联系相关部门妥善解决。

　　4. 环保部门出具的认可文件或者准许使用文件，由建设单位按照《建设项目环境保护管理条例》（中华人民共和国国务院令第 253 号令）的有关规定联系相关部门办理。

（备案专用章）

　　　　　　　　　　　　　　　　　　　　　　　年　月　日

填表说明：1. "法定代表人"处须用钢笔、墨笔认真填写，字迹端正，不得涂改；签名必须真实有效，公章必须符合法定资格。

　　　　　2. 所列文件如为复印件应加盖复印单位公章，并注明原件存放处，经办人签名、日期。

　　　　　3. 本表一式二份，一份由建设单位存档，一份由备案管理机关存档。

5.2.5 工程质量保修

工程质量保修是指对建设工程（新建、扩建、改建及装修工程）竣工验收后在保修期限内出现的质量缺陷（指工程质量不符合工程建设强制性标准以及合同的约定），予以修复。

根据《建设工程质量管理条例》和《房屋建筑工程质量管理办法》的规定，为保护建设单位、施工单位、房屋建筑所有人和使用人的合法权益，维护公共安全和公众利益，施工单位和建设单位应签署《工程质量保修书》。

5.3 竣 工 决 算 书

竣工决算是竣工验收文件的重要组成部分，是建设单位按照国家有关规定编制的竣工决算报告，是施工单位工程款最终数额的计算。竣工决算书经有资质的造价审查单位核准后归档。

5.3.1 竣工决算概述

建设工程具有一个从筹建、设计、施工、投入使用直至最终报废退出社会再生产的完整的生命周期。习惯上，把项目筹建阶段称为投资前期；将项目设计、招标投标、施工至竣工和缺陷责任期统称为投资执行期；而将投入使用至项目报废这一阶段称为投资服务期。竣工决算是确定工程实际造价最终程序，也是投资执行期投资控制的最终程序。

1. 竣工决算的概念

竣工决算是建设工程经济效益的全面反映，是项目法人核定各类新增资产价值、办理其交付使用的依据。通过竣工决算，一方面能够正确反映建设工程的实际造价和投资结果；另一方面可以通过竣工决算与概算、预算的对比分析，考核投资控制的工作成效，总结经验教训，积累技术经济方面的基础资料，提高未来建设工程的投资效益。

2. 竣工决算的内容

竣工决算是建设工程从筹建到竣工投产全过程中发生的所有实际支出，包括设备工器具购置费、建筑安装工程费和其他费用等。竣工决算由竣工财务决算报表、竣工财务决算说明书、竣工工程平面示意图、工程造价比较分析四部分组成。其中竣工财务决算报表和竣工财务决算说明书属于竣工财务决算的内容。竣工财务决算是竣工决算的组成部分，是正确核定新增资产价值、反映竣工项目建设成果的文件，是办理固定资产交付使用手续的依据。

3. 竣工决算的编制依据

（1）经批准的可行性研究报告及其投资估算。

（2）经批准的初步设计或扩大初步设计及其概算或修正概算。

（3）经批准的施工图设计及其施工图预算。

（4）设计交底或图纸会审纪要。

（5）招投标的标底、承包合同、工程结算资料。

（6）施工记录或施工签证单，以及其他施工中发生的费用记录，如：索赔报告与记录、停（交）工报告等。

（7）竣工图及各种竣工验收资料。

（8）历年基建资料、历年财务决算及批复文件。

（9）设备、材料调价文件和调价记录。

（10）有关财务核算制度、办法和其他资料、文件等。

4．竣工决算的编制步骤

（1）收集、整理、分析原始资料。从建设工程开设就按编制依据的要求，收集、整理、清点有关资料，主要包括建设工程档案资料：设计文件、施工记录、上级批文、概预算文件、工程结算的归集整理；财务处理、财产物质的盘点核实及债权债务的清偿，做到账账、账实、账证、财表相符；对各种设备、材料、工具、器具等要逐项盘点核实并填列清单，妥善保管，或按照国家有关规定处理，不准任意侵占和挪用。

（2）对照、核实工程变更情况，重新核实各单位工程、单项工程造价。将竣工资料与原设计图纸进行查对、核实，必要时可实地测量，确认实际变更情况；根据经审定的施工单位竣工结算等原始资料，按照有关规定对原概（预）算进行增减调整，重新核定工程造价。

（3）将审定后的待摊投资、设备工器具投资、建筑安装工程投资、工程建设其他投资严格划分和核定后，分别计入相应的建设成本栏目内。

（4）编制竣工财务决算说明书，力求内容全面、简明扼要、文字流畅、说明问题。

（5）填好竣工财务决算报表。

（6）做好工程造价对比分析。

（7）清理、装订好竣工图。

（8）按国家规定上报、审批、存档。

5.3.2 竣工财务决算的编制

工程项目竣工财务决算由竣工财务决算报表和竣工财务决算说明书两部分组成。国家对建设工程竣工财务决算报表的格式作了统一规定，对竣工财务决算说明书的内容提出了统一要求。

竣工财务决算报表的格式根据大、中型工程项目和小型工程项目的不同情况分别制定。

大型、中型工程项目财务决算报表包括：①工程项目竣工财务决算审批表；②大型、中型工程项目概况表；③大型、中型工程项目竣工财务决算表；④大型、中型工程项目交付使用资产总表；⑤工程项目交付使用资产明细表。

小型工程项目财务决算报表包括：①工程项目竣工财务决算审批表；②小型工程项目竣工财务决算总表；③工程项目交付使用资产明细表。

1．工程项目竣工财务决算审批表

表 5.4 作为决算上报有关部门审批之用。有关部门应对决算进行认真审查后将签署的审核意见填列该表中。填表说明如下：

（1）表中"建设性质"按新建、扩建、改建、迁建和恢复建设工程等分类填列。

表 5.4　　　　　　　　　　　　　　**工程项目竣工财务决算审批表**

建设单位		建设性质	
工程项目名称		主管部门	
开户银行意见： 　　　　　　　　　　　　　　　　　　　　　　盖章 　　　　　　　　　　　　　　　　　　　　年　月　日			
专员办（审批）审核意见： 　　　　　　　　　　　　　　　　　　　　　　盖章 　　　　　　　　　　　　　　　　　　　　年　月　日			
主管部门或地方财政部门审批意见： 　　　　　　　　　　　　　　　　　　　　　　盖章 　　　　　　　　　　　　　　　　　　　　年　月　日			

（2）表中"主管部门"是建设单位的主管部门。

（3）有关意见的签署：

1）所有项目均须先经开户银行签署意见。

2）中央级小型工程项目由主管部门签署意见，财政监察专员办和地方财政部门不签署意见。

3）中央级大型、中型工程项目报所在地财政监察专员办签署意见后，再由主管部门签署意见报财政部审批。

4）地方级项目由同级财政部门签署审批意见，主管部门和财政监察专员办不签署意见。

2. 大型、中型工程项目概况表

表 5.5 综合反映建成的大型、中型工程项目的基本情况。填表说明如下：

（1）表中有关项目的设计、概算、计划等指标，根据批准的设计文件和概算、计划等确定的数字填列。

（2）表中所列新增生产能力、完成主要工作量、主要材料消耗等指标的实际数，根据建设单位统计资料和施工企业提供的有关成本核算资料填列。

（3）表中"主要技术经济指标"根据概算和主管部门规定的内容分别按概算数和实际数填列。填列包括单位面积造价、单位生产能力投资、单位投资增加的生产能力、单位生产成本、投资回收年限等反映投资效果的综合指标。

（4）表中"基建支出"是指工程项目从开工起至竣工止发生的全部基本建设支出，包括形成资产价值的交付使用资产如固定资产、流动资产、无形资产、其他资产，以及不形成资产价值按规定应核销的非经营性项目的待核销基建支出和转出投资。根据财政部门历年批准的"基建投资表"中有关数字填列。

（5）表中收尾工程指全部工程项目验收后还遗留的少量尾工，这部分工程的实际成本，可根据具体情况进行估算，并作说明，完工以后不再编制竣工决算。

表 5.5　　　　　　　　　　　　　　　大型、中型工程项目概况表

工程项目名称（单项工程）			建设地址						项　　目	概算	实际	主要指标
主要设计单位			主要施工企　业					基建支出	建筑安装工程			
占地面积	计划	实际	总投资（万元）	设计		实际			设备工具器具			
				固定资产	流动资产	固定资产	流动资产		待摊投资			
									其中：建设单位　　　　管理费			
新增生产能力	能力（效益）	设　计		实　　际					其他投资			
									待核销基建支出			
建设起止时间	设计	从　　年　月开工至　　年　月竣工							非经营项目转出			
	实际	从　　年　月开工至　　年　月竣工							合计			
设计概算批准文号								主要材料消耗	名称	单位		
完成主要工程量	建筑面积		设备（台　套　t）						钢材	t		
	设计	实际	设计		实际				木材	m³		
									水泥	t		
收尾工程	工程内容		投资额		完成时间			主要技术经济指标				

3. 大型、中型工程项目竣工财务决算表

表 5.6 是反映竣工的大型、中型项目全部资金来源和资金占用情况。对于跨年度的项目，在编制该表前，一般应先编制出项目竣工年度财务决算。根据编制出的历年的竣工年度财务决算编制出该项目的竣工财务决算。

（1）表中"交付使用资产"、"自筹资产拨款"、"其他拨款"、"项目资本"、"基建投资借款"等项目，填列自开工建设至竣工止的累计数。

（2）表中其余各项反映办理竣工验收时的结余数，根据竣工年度财务决算中资金平衡表的有关项目期末数填列。

（3）资金占用总额应等于资金来源总额。

（4）补充资料的"基建投资借款期末余额"反映竣工时尚未偿还的基建投资借款数，应根据竣工年度资金平衡表内"基建投资借款"项目期末数填列。

表 5.6　　　　　　　　　　**大型、中型工程项目竣工财务决算表**

资 金 来 源	金 额	资 金 占 用	金 额
一、基建拨款		一、基本建设支出	
1. 预算拨款		1. 交付使用资产	
2. 基建基金拨款		2. 在建工程	
3. 进口设备转账拨款		3. 待核销基建支出	
4. 器材转账拨款		4. 非经营项目转出投资	
5. 煤代油专用基金拨款		二、应收生产单位投资借款	
6. 自筹资金拨款		三、拨付所属投资借款	
7. 其他拨款		四、器材	
二、项目资本		其中：待处理器材损失	
1. 国家资本		五、货币资金	
2. 法人资本		六、预付及应收款	
3. 个人资本		七、有价证券	
三、项目资本公积		八、固定资产	
四、基建借款		固定资产原价	
五、上级拨入投资借款		减：累计折旧	
六、企业债券资金		固定资产净值	
七、待冲基建支出		固定资产清理	
八、应付款		待处理固定资产损失	
九、未交款			
1. 未交税金			
2. 未交基建收入			
3. 未交基建包干节余			
4. 其他未交款			
十、上级拨入资金			
十一、留成收入			
合　计		合　计	

补充资料：基建投资借款期末余额：　　　　　　　　　；
　　　　　应收生产单位投资借款期末数：　　　　　　；
　　　　　基建结余资金：　　　　　　　　　　　　。

4. 大型、中型工程项目交付使用资产总表

表 5.7 反映工程项目建成后新增固定资产、流动资产、无形资产和其他资产价值，作为财产交接的依据。小型项目不编制此表，直接编"交付使用资产明细表"。

表 5.7　　　　　　　　**大型、中型工程项目交付使用资产总表**

工程项目名称	总　计	固　定　资　产				流动资产	无形资产	其他资产
		建安工程	设　备	其　他	合　计			

（1）表中各栏数字应根据"交付使用资产明细表"中相应项目的数字汇总填列。

（2）表中第 6 栏"合计"、第 7 栏"流动资产"、第 8 栏"无形资产"和第 9 栏"其他资产"的合计数，应分别与竣工财务决算表交付使用的固定资产、流动资产、无形资产和其他资产的数字相符。

5．工程项目交付使用资产明细表

表 5.8 反映交付使用资产及其价值的更详细的情况，适用于大型、中型、小型项目。该表既是交付单位办理资产交接的依据，也是接收单位登记资产账目的依据。因此，编制此表应做到固定资产部分逐项填列，工器具和家具等低值易耗品，可分类填列。

表 5.8　　　　　　　　　　工程项目交付使用资产明细表

工程项目名称	建筑工程			设备、工具、器具、家具						流动资产		无形资产		其他资产	
	结构	面积（m²）	价值（元）	名称	规格型号	单位	数量	价值（元）	设备安装费（元）	名称	价值（元）	名称	价值（元）	名称	价值（元）

6．小型工程项目竣工财务决算总表

表 5.9 主要反映小型工程项目的全部工程和财务情况。该表可参照大型、中型工程项目概况表指标和大型、中型工程项目竣工财务决算表指标填列。

表 5.9　　　　　　　　　　小型工程项目竣工财务决算总表

工程项目名称（单项工程）			建设地址			资金来源		资金占用	
						项　目	金额	项　目	金额
初步设计概算批准文号						一、基建拨款		一、交付使用资产	
						其中：预算拨款		二、待核销基建	
	计划	实际		设计	实际	二、项目资本		支出	
占地面积			总投资（万元）	固定资产 流动资产	固定资产 流动资产	三、资本公积		三、转出投资	
						四、基建借款		四、应收生产单位投资借款	
						五、上级拨入借款			
						六、企业债权资金		五、拨付所属投资借款	
新增生产能力	能力（效益）	设计		实　际		七、待冲基建支出		六、器材	
						八、应付款		七、货币资金	
						九、未交款		八、预付及应收款	
建设起止时间	设计	从　　年　　月开工至　　年　　月竣工				十、上级拨入资金		九、有价证券	
	实际	从　　年　　月开工至　　年　　月竣工				十一、留成收入		十、固定资产	
收尾工程	工程内容	投资额	完成时间			合　　计		合　　计	

第6章 建筑工程施工资料编制实例

　　建筑工程施工资料是在工程施工过程中形成的，编制一个完整的资料实例篇幅太大，为了既能节省篇幅，又能将施工资料实例的全貌展示出来，本章将××市世纪花园3～9号商住楼实例工程的资料目录做了一个较完整的实例，并按照三级目录（目录、分目录、细目）形式详细地进行示范。

　　目录主要展示分部、子分部工程的施工资料一级目录，分目录主要展示分部、子分部工程的施工资料二级目录，细目主要展示分部、子分部工程的施工资料三级目录。

　　三级目录汇总后形成二级目录，二级目录汇总后形成一级目录，通过目录的逐级汇总，使施工资料更具有系统性和条理性。

××市世纪花园3～9号商住楼
施工资料共分八册

第一册　地基及基础工程施工资料

第二册　主体结构工程施工资料

第三册　建筑装饰装修工程施工资料

第四册　屋面工程施工资料

第五册　建筑给水、排水与采暖工程施工资料

第六册　建筑电气工程施工资料（略）

第七册　施工物资资料

第八册　建设工程竣工验收与备案资料

建 筑 工 程 施 工 资 料

第 一 册

工程名称：××市世纪花园 3～9 号商住楼

案卷题名：地基及基础工程施工资料

编制单位：××市建筑工程公司

技术主管：×××

编制日期：2006 年×月×日起 2006 年×月×日止

保管期限：长期　　　　　密级：

保存档号：××××××

共八册　　第一册

地基及基础工程施工资料（目录）

工程名称	××市世纪花园3～9号商住楼				
序号	施工资料题名	编制单位	编制日期	页次	备注
一	工程管理资料	××项目部	2005年×月×日	96	有分目录
二	工程图纸、变更记录	××项目部	2005年×月×日	17	有分目录
三	工程定位测量及复测资料	××项目部	2005年×月×日	5	有分目录
四	地基处理记录	××项目部	2005年×月×日	4	有分目录
五	基础施工试验报告及见证取样记录	××项目部	2005年×月×日	45	有分目录
六	基础隐蔽工程验收记录	××项目部	2005年×月×日	8	有分目录
七	基础施工记录	××项目部	2005年×月×日	66	有分目录
八	地基基础检验及抽样检测资料	××项目部	2005年×月×日	1	
九	地基与基础分部工程质量验收记录	××项目部	2005年×月×日	1	有分目录
十	无支护土方子分部工程、分项工程验收资料	××项目部	2005年×月×日	6	有分目录
十一	地基处理子分部工程、分项工程验收资料	××项目部	2005年×月×日	5	有分目录
十二	混凝土基础子分部工程、分项工程验收资料	××项目部	2005年×月×日	27	有分目录
十三	砌体基础子分部工程、分项工程验收资料	××项目部	2005年×月×日	9	有分目录
十四	基础结构验收记录	××项目部	2005年×月×日	1	
十五	其他必须提供的资料或记录	××项目部	2005年×月×日	1	有分目录

一、工程管理资料（分目录）

工程名称	××市世纪花园3～9号商住楼				
序号	资料名称	编制单位	编制日期	页数	备注
1	工程开工报审表	××市建筑工程公司	2004年×月×日	1	
2	施工组织设计	××市建筑工程公司	2004年×月×日	68	
3	技术交底记录	××项目部	2005年×月×日	17	有细目
4	预检工程记录	××项目部	2005年×月×日	9	有细目
5	施工现场质量管理记录	××市建筑工程公司	2005年×月×日	1	

一、3 技术交底记录（细目）

工程名称	××市世纪花园 3～9 号商住楼				
序号	施工部位、资料名称	编制单位	编制日期	页数	备注
1	土方开挖回填技术交底	××项目部	2005 年×月×日	2	
2	基础 C10 垫层技术交底	××项目部	2005 年×月×日	1	
3	基础模板工程技术交底	××项目部	2005 年×月×日	2	
4	水暖管道安装技术交底	××项目部	2005 年×月×日	4	
5	基础钢筋工程技术交底	××项目部	2005 年×月×日	3	
6	地基处理技术交底	××项目部	2005 年×月×日	2	
7	基础混凝土技术交底	××项目部	2005 年×月×日	2	
8	基础砌砖工程技术交底	××项目部	2005 年×月×日	1	

一、4 预检工程记录（细目）

工程名称	××市世纪花园 3～9 号商住楼				
序号	施工部位、资料名称	编制单位	编制日期	页数	备注
1	定位放线预检记录	××项目部	2005 年×月×日	1	
2	基础放线预检工程记录	××项目部	2005 年×月×日	1	
3	基础垫层支模预检工程记录	××项目部	2005 年×月×日	1	
4	基础垫层混凝土施工缝留置、位置、接槎处理预检工程记录	××项目部	2005 年×月×日	3	
5	基础底板支模预检工程记录	××项目部	2005 年×月×日	1	
6	基础底板混凝土施工缝留置、位置、接槎处理预检工程记录	××项目部	2005 年×月×日	2	

二、工程图纸、变更记录（分目录）

工程名称	××市世纪花园 3～9 号商住楼				
序号	资料名称	编制单位	编制日期	页数	备注
1	图纸会审记录	××市建筑工程公司	2005 年×月×日	3	
2	设计变更单××号	××市建筑设计院	2005 年×月×日	6	
3	设计变更单××号	××市建筑设计院	2005 年×月×日	5	
4	工程洽商记录××号	××项目部	2005 年×月×日	3	

三、工程定位测量及复测资料（分目录）

工程名称	××市世纪花园 3～9 号商住楼				
序号	资料名称	编制单位	编制日期	页数	备注
1	工程定位测量及复测记录	××项目部	2005 年×月×日	2	
2	基槽、各层放线测量及复测记录	××项目部	2005 年×月×日	3	

四、地基处理记录（分目录）

工程名称	××市世纪花园 3～9 号商住楼				
序号	资料名称	编制单位	编制日期	页数	备注
1	地基处理设计变更、洽商记录	××项目部	2005 年×月×日	2	
2	地基处理施工记录	××项目部	2005 年×月×日	2	

五、基础施工试验报告及见证取样记录（分目录）

工程名称	××市世纪花园 3～9 号商住楼				
序号	资料名称	编制单位	编制日期	页数	备注
1	钢材连接试验报告	××市检测中心	2005 年×月×日	3	
2	土的试验报告	××市检测中心	2005 年×月×日	5	
3	混凝土试块试验报告汇总表	××项目部	2005 年×月×日	2	
4	混凝土试块试验报告	××市检测中心	2005 年×月×日	6	有细目
5	混凝土配合比通知单	××市检测中心	2005 年×月×日	3	有细目
6	混凝土强度评定表	××项目部	2005 年×月×日	1	
7	砂浆抗压强度试验报告汇总表	××项目部	2005 年×月×日	1	
8	砂浆试块试验报告	××市检测中心	2005 年×月×日	4	有细目
9	砂浆配合比通知单	××市检测中心	2005 年×月×日	1	
10	地基基础见证取样记录	××项目部	2005 年×月×日	20	有细目

五、4 混凝土试块试验报告（细目）

工程名称	××市世纪花园 3～9 号商住楼			
序号	施工部位、资料名称	编制日期	页数	备注
1	基础垫层 1～20/A～D 轴混凝土试块试验报告（标准养护）	2005 年×月×日	1	
2	基础底板 1～20/A～D 轴混凝土试块试验报告（标准养护）	2005 年×月×日	1	
3	基础圈梁 1～20/A～D 轴混凝土试块试验报告（标准养护）	2005 年×月×日	1	

五、5 混凝土配合比通知单（细目）				
工程名称	××市世纪花园 3～9 号商住楼			
序号	施工部位、资料名称	编制日期	页数	备注
1	基础垫层 1～20/A～D 轴混凝土试块试验报告（同条件养护）	2005 年×月×日	1	
2	基础底板 1～20/A～D 轴混凝土试块试验报告（同条件养护）	2005 年×月×日	1	
3	基础圈梁 1～20/A～D 轴混凝土试块试验报告（同条件养护）	2005 年×月×日	1	

五、8 砂浆试块试验报告（细目）				
工程名称	××市世纪花园 3～9 号商住楼			
序号	施工部位、资料名称	编制日期	页数	备注
1	基础 1～20/A～D 轴砌砖 M7.5 水泥砂浆试块试验报告	2005 年×月×日	1	

五、10 地基基础见证取样记录（细目）					
工程名称	××市世纪花园 3～9 号商住楼				
序号	施工部位、资料名称	编制单位	编制日期	页数	备注
1	基础垫层混凝土试块见证取样记录	××项目部	2006 年×月×日	1	
2	基础底板混凝土试块取样见证记录	××项目部	2006 年×月×日	1	
3	基础圈梁混凝土试块取样见证记录	××项目部	2006 年×月×日	1	
4	基础砂浆试块取样见证记录	××项目部	2006 年×月×日	1	
5	钢筋见证取样记录	××项目部	2006 年×月×日	1	
6	钢筋焊接接头见证取样记录	××项目部	2006 年×月×日	1	
7	焊条、焊剂见证取样记录	××项目部	2006 年×月×日	1	
8	水泥见证取样记录	××项目部	2006 年×月×日	2	
9	混凝土外加剂见证取样记录	××项目部	2006 年×月×日	1	
10	碱含量测试见证取样记录	××项目部	2006 年×月×日	1	
11	砂子见证取样记录	××项目部	2006 年×月×日	1	
12	石子见证取样记录	××项目部	2006 年×月×日	1	
13	水泥碱活性检验见证取样记录	××项目部	2006 年×月×日	1	
14	砂子碱活性检验见证取样记录	××项目部	2006 年×月×日	1	
15	石子碱活性检验见证取样记录	××项目部	2006 年×月×日	1	
16	水质分析见证取样记录	××项目部	2006 年×月×日	1	
17	混凝土膨胀剂检测见证取样记录	××项目部	2006 年×月×日	1	

六、基础隐蔽工程验收记录（分目录）

工程名称	××市世纪花园 3～9 号商住楼				
序号	资料名称	编制单位	编制日期	页数	备注
1	土方开挖隐蔽工程验收记录	××项目部	2005 年×月×日	1	
2	灰土垫层隐蔽工程验收记录	××项目部	2005 年×月×日	1	
3	基础混凝土垫层隐蔽工程验收记录	××项目部	2005 年×月×日	1	
4	基础底板钢筋绑扎、钢筋焊接隐蔽工程验收记录	××项目部	2005 年×月×日	1	
5	基础圈梁钢筋隐蔽工程验收记录	××项目部	2005 年×月×日	1	
6	基础底板混凝土隐蔽工程验收记录	××项目部	2005 年×月×日	1	
7	土方回填隐蔽工程验收记录	××项目部	2005 年×月×日	1	

七、基础施工记录（分目录）

工程名称	××市世纪花园 3～9 号商住楼				
序号	资料名称	编制单位	编制日期	页数	备注
1	施工记录	××项目部	2005 年×月×日	13	
2	地基钎探记录	××项目部	2005 年×月×日	10	
3	地基验槽记录	××项目部	2005 年×月×日	1	
4	混凝土浇灌申请书	××项目部	2005 年×月×日	2	
5	混凝土开盘鉴定	××项目部	2005 年×月×日	1	
6	混凝土工程施工记录	××项目部	2005 年×月×日	6	
7	混凝土坍落度检查记录	××项目部	2005 年×月×日	1	
8	冬期混凝土搅拌及浇灌测温记录	××项目部	2005 年×月×日	1	
9	混凝土养护测温记录	××项目部	2005 年×月×日	2	
10	基础工程自检互检记录	××项目部	2005 年×月×日	6	有细目
11	工序交接单	××项目部	2005 年×月×日	4	有细目

七、10 基础工程自检互检记录（细目）

工程名称	××市世纪花园 3～9 号商住楼				
序号	施工部位、资料名称	编制单位	编制日期	页数	备注
1	基础 1～20/A～D 轴 土方开挖检验批自检互检记录	××项目部	2005 年×月×日	1	
2	土方基础 1～20/A～D 轴 土方回填检验批自检互检记录	××项目部	2005 年×月×日	1	
3	基础 1～20/A～D 轴 灰土检验批自检互检记录	××项目部	2005 年×月×日	1	
4	基础垫层 1～20/A～D 轴 模板安装检验批自检互检记录	××项目部	2005 年×月×日	1	

续表

序号	施工部位、资料名称	编制单位	编制日期	页数	备注
5	基础垫层 1~20/A~D 轴 模板拆除检验批自检互检记录	××项目部	2005 年×月×日	1	
6	基础底板 1~20/A~D 轴 模板安装检验批自检互检记录	××项目部	2005 年×月×日	1	
7	基础底板 1~20/A~D 轴 模板拆除检验批自检互检记录	××项目部	2005 年×月×日	1	
8	基础圈梁 1~20/A~D 轴 模板安装检验批自检互检记录	××项目部	2005 年×月×日	1	
9	基础圈梁 1~20/A~D 轴 模板拆除检验批自检互检记录	××项目部	2005 年×月×日	1	
10	基础底板 1~20/A~D 轴 钢筋原材料检验批自检互检记录	××项目部	2005 年×月×日	1	
11	基础底板 1~20/A~D 轴 钢筋加工检验批自检互检记录	××项目部	2005 年×月×日	1	
12	基础底板 1~20/A~D 轴 钢筋安装检验批自检互检记录	××项目部	2005 年×月×日	1	
13	基础构造柱 1~20/A~D 轴 钢筋原材料检验批自检互检记录	××项目部	2005 年×月×日	1	
14	基础构造柱 1~20/A~D 轴 钢筋加工检验批自检互检记录	××项目部	2005 年×月×日	1	
15	基础构造柱 1~20/A~D 轴 钢筋安装检验批自检互检记录	××项目部	2005 年×月×日	1	
16	基础圈梁 1~20/A~D 轴 钢筋原材料检验批自检互检记录	××项目部	2005 年×月×日	1	
17	基础圈梁 1~20/A~D 轴 钢筋加工检验批自检互检记录	××项目部	2005 年×月×日	1	
18	基础圈梁 1~20/A~D 轴 钢筋安装检验批自检互检记录	××项目部	2005 年×月×日	1	
19	基础圈梁 1~20/A~D 轴 钢筋连接检验批自检互检记录	××项目部	2005 年×月×日	1	
20	基础底板 1~20/A~D 轴 混凝土原材料及配合比设计检验批自检互检记录	××项目部	2005 年×月×日	1	
21	基础构造柱 1~20/A~D 轴 混凝土施工检验批自检互检记录	××项目部	2005 年×月×日	1	
22	基础构造柱 1~20/A~D 轴 混凝土现浇结构外观尺寸偏差检验批自检互检记录	××项目部	2005 年×月×日	1	
23	基础后浇带混凝土 9/A~D 轴 混凝土施工检验批自检互检记录	××项目部	2005 年×月×日	1	
24	基础 1~20/A~D 轴 基础砌砖检验批自检互检记录	××项目部	2005 年×月×日	1	
25	基础 1~20/A~D 轴 基础配筋砌体检验批自检互检记录	××项目部	2005 年×月×日	1	

表头：七、10 基础工程自检互检记录（细目）

工程名称　××市世纪花园 3~9 号商住楼

七、11 工序交接单（细目）

工程名称	××市世纪花园 3～9 号商住楼				
序号	施工部位、资料名称	编制单位	编制日期	页数	备注
1	（基础挖土→地基钎探）工序交接单	××项目部	2005 年×月×日	1	
2	（地基钎探→灰土垫层地基处理）工序交接单	××项目部	2005 年×月×日	1	
3	（灰土垫层地基处理→基础混凝土垫层）工序交接单	××项目部	2005 年×月×日	1	
4	（基础混凝土垫层→基础底板支模）工序交接单	××项目部	2005 年×月×日	1	
5	（基础底板支模→基础底板钢筋）工序交接单	××项目部	2005 年×月×日	1	
6	（基础底板钢筋→基础底板混凝土）工序交接单	××项目部	2005 年×月×日	1	
7	（基础底板混凝土→基础砌砖）工序交接单	××项目部	2005 年×月×日	1	
8	（基础砌砖→地圈梁模板）工序交接单	××项目部	2005 年×月×日	1	
9	（地圈梁模板→地圈梁钢筋）工序交接单	××项目部	2005 年×月×日	1	
10	（地圈梁钢筋→地圈梁混凝土）工序交接单	××项目部	2005 年×月×日	1	

八、地基基础检验及抽样检测资料（分目录）

工程名称	××市世纪花园 3～9 号商住楼				
序号	资料名称	编制单位	编制日期	页数	备注
1	地基基础检验及抽样检测记录	××项目部	2005 年×月×日	1	
2	地基基础分部工程质量控制资料核查记录	××项目部	2005 年×月×日	1	
3	地基基础工程主要功能抽查记录	××项目部	2005 年×月×日	1	
4	地基基础工程观感质量检查记录	××项目部	2005 年×月×日	1	

九、地基与基础分部工程质量验收记录（分目录）

工程名称	××市世纪花园 3～9 号商住楼				
序号	资料名称	编制单位	编制日期	页数	备注
1	地基与基础分部工程质量验收记录	××项目部	2005 年×月×日	1	

十、无支护土方子分部工程、分项工程验收资料（分目录）

工程名称	××市世纪花园 3～9 号商住楼				
序号	资料名称	编制单位	编制日期	页数	备注
1	无支护土方子分部工程质量验收记录	××项目部	2005 年×月×日	1	
2	土方开挖分项工程质量验收记录	××项目部	2005 年×月×日	1	
3	基础 1～20/A～D 轴 土方开挖检验批质量验收记录	××项目部	2005 年×月×日	1	
4	基础 1～20/A～D 轴 土方回填分项工程质量验收记录	××项目部	2005 年×月×日	1	

十一、地基处理子分部工程、分项工程验收资料（分目录）

工程名称	××市世纪花园 3～9 号商住楼				
序号	资料名称	编制单位	编制日期	页数	备注
1	地基处理子分部工程质量验收记录	××项目部	2005 年×月×日	1	
2	灰土地基分项工程质量验收记录	××项目部	2005 年×月×日	1	
3	基础 1～20/A～D 轴 灰土检验批质量验收记录	××项目部	2005 年×月×日	1	

十二、混凝土基础子分部工程、分项工程验收资料（分目录）

工程名称	××市世纪花园 3～9 号商住楼				
序号	资料名称	编制单位	编制日期	页数	备注
1	混凝土基础子分部工程质量验收记录	××项目部	2005 年×月×日	1	
2	模板安装分项工程质量验收记录	××项目部	2005 年×月×日	1	
3	基础垫层 1～20/A～D 轴 模板安装检验批质量验收记录	××项目部	2005 年×月×日	1	
4	基础底板 1～20/A～D 轴 模板安装检验批质量验收记录	××项目部	2005 年×月×日	1	
5	基础圈梁 1～20/A～D 轴 模板安装检验批质量验收记录	××项目部	2005 年×月×日	1	
6	模板拆除分项工程质量验收记录	××项目部	2005 年×月×日	1	
7	基础垫层 1～20/A～D 轴 模板拆除检验批质量验收记录	××项目部	2005 年×月×日	1	
8	基础底板 1～20/A～D 轴 模板拆除检验批质量验收记录	××项目部	2005 年×月×日	1	
9	钢筋原材料分项工程质量验收记录	××项目部	2005 年×月×日	1	
10	基础底板 1～20/A～D 轴 钢筋原材料检验批质量验收记录	××项目部	2005 年×月×日	1	
11	基础构造柱 1～20/A～D 轴 钢筋原材料检验批质量验收记录	××项目部	2005 年×月×日	1	
12	基础圈梁 1～20/A～D 轴 钢筋原材料检验批质量验收记录	××项目部	2005 年×月×日	1	
13	钢筋加工分项工程质量验收记录	××项目部	2005 年×月×日	1	

十二、混凝土基础子分部工程、分项工程验收资料（分目录）					
工程名称	××市世纪花园 3～9 号商住楼				
序号	资料名称	编制单位	编制日期	页数	备注
14	基础底板 1～20/A～D 轴 钢筋加工检验批质量验收记录	××项目部	2005 年×月×日	1	
15	基础构造柱 1～20/A～D 轴 钢筋加工检验批质量验收记录	××项目部	2005 年×月×日	1	
16	基础圈梁 1～20/A～D 轴 钢筋加工检验批质量验收记录	××项目部	2005 年×月×日	1	
17	钢筋安装分项工程质量验收记录	××项目部	2005 年×月×日	1	
18	基础底板 1～20/A～D 轴 钢筋安装检验批质量验收记录	××项目部	2005 年×月×日	1	
19	基础构造柱 1～20/A～D 轴 钢筋安装检验批质量验收记录	××项目部	2005 年×月×日	1	
20	基础圈梁 1～20/A～D 轴 钢筋安装检验批质量验收记录	××项目部	2005 年×月×日	1	
21	混凝土原材料及配合比设计分项工程质量验收记录	××项目部	2005 年×月×日	1	
22	基础底板 1～20/A～D 轴 混凝土原材料及配合比设计检验批质量验收记录	××项目部	2005 年×月×日	1	
23	基础构造柱 1～20/A～D 轴 混凝土原材料及配合比设计检验批质量验收记录	××项目部	2005 年×月×日	1	
24	基础圈梁 1～20/A～D 轴 混凝土原材料及配合比设计检验批质量验收记录	××项目部	2005 年×月×日	1	
25	混凝土施工分项工程质量验收记录	××项目部	2005 年×月×日	1	
26	基础底板 1～20/A～D 轴 混凝土施工检验批质量验收记录	××项目部	2005 年×月×日	1	
27	基础构造柱 1～20/A～D 轴 混凝土施工检验批质量验收记录	××项目部	2005 年×月×日	1	
28	基础圈梁 1～20/A～D 轴 混凝土施工检验批质量验收记录	××项目部	2005 年×月×日	1	
29	后浇带混凝土分项工程质量验收记录	××项目部	2005 年×月×日	1	
30	基础后浇带混凝土 9/A～D 轴 混凝土施工检验批质量验收记录	××项目部	2005 年×月×日	1	
31	混凝土结构缝处理分项工程质量验收记录	××项目部	2005 年×月×日	1	
32	混凝土 9/A～D 轴 混凝土结构缝处理施工检验批质量验收记录	××项目部	2005 年×月×日	1	

十三、砌体基础子分部工程、分项工程验收资料（分目录）

工程名称	××市世纪花园 3～9 号商住楼				
序号	资料名称	编制单位	编制日期	页数	备注
1	砌体基础子分部工程质量验收记录	××项目部	2005 年×月×日	1	
2	砖砌体分项工程质量验收记录	××项目部	2005 年×月×日	1	
3	基础 1～20/A～D 轴 基础砌砖检验批质量验收记录	××项目部	2005 年×月×日	1	
4	配筋砖砌体分项工程质量验收记录	××项目部	2005 年×月×日	1	
5	基础 1～20/A～D 轴 基础配筋砌体检验批质量验收记录	××项目部	2005 年×月×日	1	

十四、基础结构验收记录（分目录）

工程名称	××市世纪花园 3～9 号商住楼				
序号	资料名称	编制单位	编制日期	页数	备注
1	地基基础结构验收记录	××项目部	2005 年×月×日	1	

十五、其他必须提供的资料或记录（分目录）

工程名称	××市世纪花园 3～9 号商住楼				
序号	资料名称	编制单位	编制日期	页数	备注
1	质量事故处理记录	××项目部	2005 年×月×日	1	

建 筑 工 程 施 工 资 料

第 二 册

名　　称：××市世纪花园 3～9 号商住楼

案卷题名：主体结构工程施工资料

编制单位：××市建筑工程公司

技术主管：×××

编制日期：2005 年×月×日起 2006 年×月×日止

保管期限：长期　　　　　密级：

保存档号：××××××

共八册　　　第二册

主体结构工程施工资料（目录）

工程名称	××市世纪花园 3～9 号商住楼				
序号	施工资料题名	编制单位	编制日期	页次	备注
一	主体结构分部工程质量验收记录	××项目部	2006 年×月×日	1	
二	主体结构工程质量控制检查记录	××项目部	2006 年×月×日	1	
三	主体结构工程主要功能抽查记录	××项目部	2006 年×月×日	1	
四	主体结构工程观感质量检查记录	××项目部	2006 年×月×日	1	
（一）混凝土结构子分部工程施工资料					
序号	施工资料题名	编制单位	编制日期	页次	备注
一	工程图纸、变更记录	××项目部	2006 年×月×日	6	有分目录
二	工程管理资料	××项目部	2006 年×月×日	128	有分目录
三	施工试验报告及见证取样记录	××项目部	2006 年×月×日	63	有分目录
四	隐蔽工程验收记录	××项目部	2006 年×月×日	20	有分目录
五	施工记录	××项目部	2006 年×月×日	36	有分目录
六	混凝土结构实体检验记录	××市质量检测中心	2006 年×月×日	1	有分目录
七	主体工程结构验收记录	××项目部	2006 年×月×日	1	有分目录
八	混凝土结构子分部工程、分项工程验收资料	××项目部	2006 年×月×日	52	有分目录
九	其他必须提供的资料或记录	××项目部	2006 年×月×日	1	有分目录
（二）砌体结构子分部工程施工资料					
序号	施工资料题名	编制单位	编制日期	页次	备注
十	工程图纸、变更记录	××项目部	2006 年×月×日	7	有分目录
十一	测量及复测记录	××项目部	2006 年×月×日	8	有分目录
十二	施工试验报告及见证取样记录	××项目部	2006 年×月×日	19	有分目录
十三	隐蔽工程验收记录	××项目部	2006 年×月×日	13	有分目录
十四	施工记录	××项目部	2006 年×月×日	97	有分目录
十五	施工试验记录	××项目部	2006 年×月×日	75	有分目录
十六	砌体结构子分部工程、分项工程验收资料	××项目部	2006 年×月×日	36	有分目录
十七	其他必须提供的资料和记录	××项目部	2006 年×月×日	1	有分目录

（一）混凝土结构子分部工程施工资料

一、工程图纸、变更记录（分目录）

工程名称	××市世纪花园 3～9 号商住楼				
序号	资料名称	编制单位	编制日期	页数	备注
1	图纸会审记录	××市建筑工程公司	2006 年×月×日	1	
2	设计变更单××号	××设计院	2006 年×月×日	3	
3	设计变更单××号	××设计院	2006 年×月×日	1	
4	工程洽商记录××号	××项目部	2006 年×月×日	1	

二、工程管理资料（分目录）

工程名称	××市世纪花园 3～9 号商住楼				
序号	资料名称	编制单位	编制日期	页数	备注
1	技术交底记录	××项目部	2005 年×月×日	147	有细目
2	预检工程记录	××项目部	2005 年×月×日	30	有细目
3	模板施工方案	××项目部	2005 年×月×日	6	
4	钢筋施工方案	××项目部	2005 年×月×日	5	
5	混凝土施工方案	××项目部	2005 年×月×日	6	
6	雨季施工方案	××项目部	2005 年×月×日	6	
7	冬期施工方案	××项目部	2005 年×月×日	6	

二、1 技术交底记录（细目）

工程名称	××市世纪花园 3～9 号商住楼			
序号	施工部位、资料名称	编制日期	页数	备注
1	首层框架钢筋技术交底	2006 年×月×日	5	
2	首层框架模板技术交底	2006 年×月×日	4	
3	首层框架混凝土技术交底	2006 年×月×日	6	
4	首层现浇结构技术交底	2006 年×月×日	3	
5	首层装配式结构技术交底	2006 年×月×日	2	
6	首层砖砌体与配筋砌体技术交底	2006 年×月×日	4	
7	首层填充墙砌体技术交底	2006 年×月×日	2	
8	首层管线预埋技术交底	2006 年×月×日	1	
9	首层混凝土养护测温技术交底	2006 年×月×日	2	
10	二至五层砌砖与配筋砌体技术交底	2006 年×月×日	2	
11	二至五层钢筋技术交底	2006 年×月×日	3	
12	二至五层模板技术交底	2006 年×月×日	3	

续表

二、1 技术交底记录（细目）

工程名称	××市世纪花园 3～9 号商住楼			
序号	施工部位、资料名称	编制日期	页数	备注
13	二至五层混凝土技术交底	2006 年×月×日	5	
14	二至五层现浇结构技术交底	2006 年×月×日	3	
15	二至五层装配式结构技术交底	2006 年×月×日	2	
16	二至五层管线预埋技术交底	2006 年×月×日	1	
17	二至五层混凝土养护测温技术交底	2006 年×月×日	2	
18	六层砌砖与配筋砌体技术交底	2006 年×月×日	2	
19	六层钢筋技术交底	2006 年×月×日	3	
20	六层模板技术交底	2006 年×月×日	3	
21	六层混凝土技术交底	2006 年×月×日	5	
22	六层现浇结构技术交底	2006 年×月×日	3	
23	六层装配式结构技术交底	2006 年×月×日	2	
24	六层管线预埋技术交底	2006 年×月×日	1	
25	六层混凝土养护测温技术交底	2006 年×月×日	2	
26	坡屋顶钢筋技术交底	2006 年×月×日	3	
27	坡屋顶模板技术交底	2006 年×月×日	3	
28	坡屋顶混凝土技术交底	2006 年×月×日	5	
29	坡屋顶现浇结构技术交底	2006 年×月×日	3	
30	坡屋顶装配式结构技术交底	2006 年×月×日	2	
31	坡屋顶管线预埋技术交底	2006 年×月×日	1	
32	坡屋顶混凝土养护测温技术交底	2006 年×月×日	2	

二、2 预检工程记录（细目）

工程名称	××市世纪花园 3～9 号商住楼			
序号	施工部位、资料名称	编制日期	页数	备注
1	首层 1～20/A～D 轴柱模板安装预检工程记录	2006 年×月×日	1	
2	首层 1～20/A～D 轴梁、板模板安装预检工程记录	2006 年×月×日	1	
3	二层 1～20/A～D 轴＋50cm 线预检工程记录	2006 年×月×日	1	
4	二层 1～20/A～D 轴柱、梁、板模板安装预检工程记录	2006 年×月×日	1	
5	三层 1～20/A～D 轴＋50cm 线预检工程记录	2006 年×月×日	1	
6	三层 1～20/A～D 轴柱、梁、板模板安装预检工程记录	2006 年×月×日	1	
7	四层 1～20/A～D 轴＋50cm 线预检工程记录	2006 年×月×日	1	
8	四层 1～20/A～D 轴柱、梁、板模板安装预检工程记录	2006 年×月×日	1	
9	五层 1～20/A～D 轴＋50cm 线预检工程记录	2006 年×月×日	1	
10	五层 1～20/A～D 轴柱、梁、板模板安装预检工程记录	2006 年×月×日	1	
11	六层 1～20/A～D 轴＋50cm 线预检工程记录	2006 年×月×日	1	
12	六层 1～20/A～D 轴柱、梁、板模板安装预检工程记录	2006 年×月×日	1	
13	坡屋顶 1～20/A～D 轴支模预检工程记录	2006 年×月×日	1	

三、施工试验报告及见证取样记录（分目录）

	工程名称	××市世纪花园 3～9 号商住楼				
序号	资料名称	编制单位	编制日期	页数	备注
1	钢材连接试验报告	××市检测中心	2006 年×月×日	8	有细目
2	混凝土试块试验报告汇总表	××项目部	2006 年×月×日	2	
3	混凝土试块试验报告	××市检测中心	2006 年×月×日	43	有细目
4	混凝土配合比通知单	××市检测中心	2006 年×月×日	2	有细目
5	混凝土强度评定表	××项目部	2006 年×月×日	2	
6	见证取样记录	××项目部	2006 年×月×日	6	有细目

三、1 钢材连接试验报告（细目）

工程名称	××市世纪花园 3～9 号商住楼				
序号	施工部位、资料名称	编制单位	编制日期	页数	备注
1	Φ20 钢筋连接试验报告	××市检测中心	2006 年×月×日	4	
2	Φ22 钢筋连接试验报告	××市检测中心	2006 年×月×日	2	
3	Φ25 钢筋连接试验报告	××市检测中心	2006 年×月×日	3	

三、3 混凝土试块试验报告（细目）

工程名称	××市世纪花园 3～9 号商住楼			
序号	施工部位、资料名称	编制日期	页数	备注
1	一层 1～20/A～D 轴柱、梁、板混凝土试块试验报告（标准养护）	2006 年×月×日	1	
2	二层 1～20/A～D 轴柱、梁、板混凝土试块试验报告（标准养护）	2006 年×月×日	1	
3	三层 1～20/A～D 轴柱混凝土试块试验报告（标准养护）	2006 年×月×日	1	
4	四层 1～20/A～D 轴柱混凝土试块试验报告（标准养护）	2006 年×月×日	1	
5	五层 1～20/A～D 轴楼板混凝土试块试验报告（标准养护）	2006 年×月×日	1	
6	六层 1～20/A～D 轴楼板混凝土试块试验报告（标准养护）	2006 年×月×日	1	
7	坡屋顶 1～20/A～D 轴柱、梁、板混凝土试块试验报告（标准养护）	2006 年×月×日	1	
8	一层 1～20/A～D 轴柱、梁、板混凝土试块试验报告（同条件养护）	2006 年×月×日	1	
9	二层 1～20/A～D 轴柱、梁、板混凝土试块试验报告（同条件养护）	2006 年×月×日	1	
10	三层 1～20/A～D 轴柱混凝土试块试验报告（同条件养护）	2006 年×月×日	1	
11	四层 1～20/A～D 轴柱混凝土试块试验报告（同条件养护）	2006 年×月×日	1	
12	五层 1～20/A～D 轴楼板混凝土试块试验报告（同条件养护）	2006 年×月×日	1	
13	六层 1～20/A～D 轴楼板混凝土试块试验报告（同条件养护）	2006 年×月×日	1	
14	坡屋顶柱、梁、板混凝土试块试验报告（同条件养护）	2006 年×月×日	1	

三、4 混凝土配合比通知单（细目）

工程名称	××市世纪花园 3～9 号商住楼				
序号	施工部位、资料名称	编制单位	编制日期	页数	备注
1	C10 混凝土配合比通知单	××市检测中心	2006 年×月×日	1	
2	C25 混凝土配合比通知单	××市检测中心	2006 年×月×日	1	
3	C20 混凝土配合比通知单	××市检测中心	2006 年×月×日	1	

三、6 见证取样记录（细目）

工程名称	××市世纪花园 3～9 号商住楼				
序号	施工部位、资料名称	编制单位	编制日期	页数	备注
1	一层混凝土试块见证取样记录	××市检测中心	2006 年×月×日	1	
2	二层混凝土试块见证取样记录	××市检测中心	2006 年×月×日	1	
3	三层混凝土试块见证取样记录	××市检测中心	2006 年×月×日	1	
4	四层混凝土试块见证取样记录	××市检测中心	2006 年×月×日	1	
5	五层混凝土试块见证取样记录	××市检测中心	2006 年×月×日	1	
6	六层混凝土试块见证取样记录	××市检测中心	2006 年×月×日	1	
7	钢筋见证取样记录	××市检测中心	2006 年×月×日	1	
8	钢筋焊接接头见证取样记录	××市检测中心	2006 年×月×日	1	
9	焊条、焊剂见证取样记录	××市检测中心	2006 年×月×日	1	
10	水泥见证取样记录	××市检测中心	2006 年×月×日	1	
11	混凝土外加剂见证取样记录	××市检测中心	2006 年×月×日	1	
12	碱含量测试试验见证取样记录	××市检测中心	2006 年×月×日	1	
13	预制混凝土构件见证取样记录	××市检测中心	2006 年×月×日	1	
14	砂子见证取样记录	××市检测中心	2006 年×月×日	1	
15	石子见证取样记录	××市检测中心	2006 年×月×日	1	
16	多孔砖、黏土砖见证取样记录	××市检测中心	2006 年×月×日	1	
17	蒸压粉煤灰加气混凝土砌块合格证、试验报告汇总表	××市检测中心	2006 年×月×日	1	
18	粉煤灰见证取样记录	××市检测中心	2006 年×月×日	1	
19	防水材料见证取样记录	××市检测中心	2006 年×月×日	1	
20	聚苯乙烯泡沫板见证取样记录	××市检测中心	2006 年×月×日	1	
21	混凝土界面处理剂见证取样记录	××市检测中心	2006 年×月×日	1	
22	止水带见证取样记录	××市检测中心	2006 年×月×日	1	
23	水泥碱活性检验见证取样记录	××市检测中心	2006 年×月×日	1	
24	砂子碱活性见证取样记录	××市检测中心	2006 年×月×日	1	
25	石子碱活性检验见证取样记录	××市检测中心	2006 年×月×日	1	
26	水质分析见证取样记录	××市检测中心	2006 年×月×日	1	
27	混凝土膨胀剂见证取样记录	××市检测中心	2006 年×月×日	1	
28	外加剂见证取样记录	××市检测中心	2006 年×月×日	1	

四、隐蔽工程验收记录（分目录）

工程名称	××市世纪花园 3～9 号商住楼			

序号	资料名称	编制日期	页数	备注
1	一层 1～20/A～D 轴柱钢筋隐蔽工程验收记录	2006 年×月×日	1	
2	一层 1～20/A～D 轴梁、板钢筋隐蔽工程验收记录	2006 年×月×日	1	
3	一层 1～20/A～D 轴楼板管线预埋隐蔽工程验收记录	2006 年×月×日	1	
4	二层 1～20/A～D 轴拉结筋隐蔽工程验收记录	2006 年×月×日	1	
5	二层 1～20/A～D 轴柱、梁、板钢筋隐蔽工程验收记录	2006 年×月×日	1	
6	二层 1～20/A～D 轴管线预埋隐蔽工程验收记录	2006 年×月×日	1	
7	三层 1～20/A～D 轴拉结筋隐蔽工程验收记录	2006 年×月×日	1	
8	三层 1～20/A～D 轴柱、梁、板钢筋隐蔽工程验收记录	2006 年×月×日	1	
9	三层 1～20/A～D 轴管线预埋隐蔽工程验收记录	2006 年×月×日	1	
10	四层 1～20/A～D 轴拉结筋隐蔽工程验收记录	2006 年×月×日	1	
11	四层 1～20/A～D 轴柱、梁、板钢筋隐蔽工程验收记录	2006 年×月×日	1	
12	四层 1～20/A～D 轴管线预埋隐蔽工程验收记录	2006 年×月×日	1	
13	五层 1～20/A～D 轴拉结筋隐蔽工程验收记录	2006 年×月×日	1	
14	五层 1～20/A～D 轴柱、梁、板钢筋隐蔽工程验收记录	2006 年×月×日	1	
15	五层 1～20/A～D 轴管线预埋隐蔽工程验收记录	2006 年×月×日	1	
16	五层 1～20/A～D 轴拉结筋隐蔽工程验收记录	2006 年×月×日	1	
17	六层 1～20/A～D 轴拉结筋隐蔽工程验收记录	2006 年×月×日	1	
18	六层 1～20/A～D 轴柱、梁、板钢筋隐蔽工程验收记录	2006 年×月×日	1	
19	六层 1～20/A～D 轴管线预埋隐蔽工程验收记录	2006 年×月×日	1	

五、施工记录（分目录）

工程名称	××市世纪花园 3～9 号商住楼				

序号	资料名称	编制单位	编制日期	页数	备注
1	施工记录	××项目部	2006 年×月×日	20	
2	构件吊装记录	××项目部	2006 年×月×日	6	
3	混凝土浇灌申请书	××项目部	2006 年×月×日	6	
4	混凝土开盘鉴定	××项目部	2006 年×月×日	1	
5	混凝土工程施工记录	××项目部	2006 年×月×日	18	
6	混凝土坍落度检查记录	××项目部	2006 年×月×日	28	有细目
7	冬期混凝土搅拌及浇灌测温记录	××项目部	2006 年×月×日	28	有细目

续表

五、施工记录（分目录）					
工程名称	××市世纪花园 3～9 号商住楼				
序号	资料名称	编制单位	编制日期	页数	备注
8	模板安装分项工程各检验批自检互检记录	××项目部	2006 年×月×日	14	有细目
9	模板拆除分项工程各检验批自检互检记录	××项目部	2006 年×月×日	14	有细目
10	钢筋原材料分项工程各检验批自检互检记录	××项目部	2006 年×月×日	28	有细目
11	钢筋加工分项工程各检验批自检互检记录	××项目部	2006 年×月×日	28	有细目
12	钢筋安装分项工程各检验批自检互检记录	××项目部	2006 年×月×日	28	有细目
13	混凝土原材料及配合比设计分项工程各检验批自检互检记录	××项目部	2006 年×月×日	16	有细目
14	混凝土施工分项工程各检验批自检互检记录	××项目部	2006 年×月×日	16	有细目
15	混凝土现浇结构及外观尺寸偏差分项工程各检验批自检互检记录	××项目部	2006 年×月×日	16	有细目
16	工序交接单	××项目部	2006 年×月×日	44	有细目

五、6 混凝土坍落度检查记录（细目 1）					
工程名称	××市世纪花园 3～9 号商住楼				
序号	施工部位、资料名称	编制单位	编制日期	页数	备注
1	一层混凝土坍落度检查记录	××市检测中心	2006 年×月×日	2	
2	二层混凝土坍落度检查记录	××市检测中心	2006 年×月×日	2	
3	三层混凝土坍落度检查记录	××市检测中心	2006 年×月×日	2	
4	四层混凝土坍落度检查记录	××市检测中心	2006 年×月×日	2	
5	五层混凝土坍落度检查记录	××市检测中心	2006 年×月×日	2	
6	六层混凝土坍落度检查记录	××市检测中心	2006 年×月×日	2	

五、6 混凝土坍落度检查记录（细目 2）				
工程名称	××市世纪花园 3～9 号商住楼			
序号	施工部位、资料名称	编制日期	页数	备注
1	首层 1～20/A～D 轴柱、梁、板混凝土坍落度检查记录	2006 年×月×日	1	
2	二层 1～20/A～D 轴柱、梁、板混凝土坍落度检查记录	2006 年×月×日	1	
3	三层 1～20/A～D 轴柱、梁、板混凝土坍落度检查记录	2006 年×月×日	1	
4	四层 1～20/A～D 轴柱、梁、板混凝土坍落度检查记录	2006 年×月×日	1	
5	五层 1～20/A～D 轴柱、梁、板混凝土坍落度检查记录	2006 年×月×日	1	
6	六层 1～20/A～D 轴柱、梁、板混凝土坍落度检查记录	2006 年×月×日	1	
7	坡屋顶混凝土坍落度检查记录	2006 年×月×日	1	

五、7 冬期混凝土搅拌及浇灌测温记录（细目）

工程名称	××市世纪花园 3～9 号商住楼			
序号	施工部位、资料名称	编制日期	页数	备注
1	一层 1～20/A～D 轴柱、梁、板混凝土冬期浇灌测温记录	2006 年×月×日	1	
2	二层 1～20/A～D 轴柱、梁、板混凝土冬期浇灌测温记录	2006 年×月×日	1	
3	三层 1～20/A～D 轴柱、梁、板混凝土冬期浇灌测温记录	2006 年×月×日	1	
4	四层 1～20/A～D 轴柱、梁、板混凝土同条件养护天气温度记录	2006 年×月×日	1	
5	五层 1～20/A～D 轴柱、梁、板混凝土同条件养护天气温度记录	2006 年×月×日	1	
6	六层 1～20/A～D 轴柱、梁、板混凝土同条件养护天气温度记录	2006 年×月×日	1	
7	坡屋面 1～20/A～D 轴混凝土同条件养护天气温度记录	2006 年×月×日	1	

五、8 模板安装分项工程各检验批自检互检记录（细目）

工程名称	××市世纪花园 3～9 号商住楼			
序号	施工部位、资料名称	编制日期	页数	备注
1	一层 1～20/A～D 轴柱、梁、板模板安装检验批自检互检记录	2006 年×月×日	1	
2	二层 1～20/A～D 轴柱、梁、板模板安装检验批自检互检记录	2006 年×月×日	1	
3	三层 1～20/A～D 轴柱、梁、板模板安装检验批自检互检记录	2006 年×月×日	1	
4	四层 1～20/A～D 轴柱、梁、板模板安装检验批自检互检记录	2006 年×月×日	1	
5	五层 1～20/A～D 轴柱、梁、板模板安装检验批自检互检记录	2006 年×月×日	1	
6	六层 1～20/A～D 轴柱、梁、板模板安装检验批自检互检记录	2006 年×月×日	1	
7	坡屋顶 1～20/A～D 轴柱、梁、板模板安装检验批自检互检记录	2006 年×月×日	1	

五、9 模板拆除分项工程各检验批自检互检记录（细目）

工程名称	××市世纪花园 3～9 号商住楼			
序号	施工部位、资料名称	编制日期	页数	备注
1	一层 1～20/A～D 轴柱、梁、板模板拆除检验批自检互检记录	2006 年×月×日	1	
2	二层 1～20/A～D 轴柱、梁、板模板拆除检验批自检互检记录	2006 年×月×日	1	
3	三层 1～20/A～D 轴柱、梁、板模板拆除检验批自检互检记录	2006 年×月×日	1	
4	四层 1～20/A～D 轴柱、梁、板模板拆除检验批自检互检记录	2006 年×月×日	1	
5	五层 1～20/A～D 轴柱、梁、板模板拆除检验批自检互检记录	2006 年×月×日	1	
6	六层 1～20/A～D 轴柱、梁、板模板拆除检验批自检互检记录	2006 年×月×日	1	
7	坡屋顶 1～20/A～D 轴柱、梁、板模板拆除检验批自检互检记录	2006 年×月×日	1	

五、10 钢筋原材料分项工程各检验批自检互检记录（细目）

工程名称	××市世纪花园 3～9 号商住楼			
序号	施工部位、资料名称	编制日期	页数	备注
1	一层 1～20/A～D 轴柱钢筋原材料检验批自检互检记录	2006 年×月×日	1	
2	一层 1～20/A～D 轴梁、板钢筋原材料检验批自检互检记录	2006 年×月×日	1	
3	二层 1～20/A～D 轴柱钢筋原材料检验批自检互检记录	2006 年×月×日	1	
4	二层 1～20/A～D 轴梁、板钢筋原材料检验批自检互检记录	2006 年×月×日	1	
5	三层 1～20/A～D 轴柱钢筋原材料检验批自检互检记录	2006 年×月×日	1	
6	三层 1～20/A～D 轴梁、板钢筋原材料检验批自检互检记录	2006 年×月×日	1	
7	四层 1～20/A～D 轴柱钢筋原材料检验批自检互检记录	2006 年×月×日	1	
8	四层 1～20/A～D 轴梁、板钢筋原材料检验批自检互检记录	2006 年×月×日	1	
9	五层 1～20/A～D 轴柱钢筋原材料检验批自检互检记录	2006 年×月×日	1	
10	五层 1～20/A～D 轴梁、板钢筋原材料检验批自检互检记录	2006 年×月×日	1	
11	六层 1～20/A～D 轴柱钢筋原材料检验批自检互检记录	2006 年×月×日	1	
12	六层 1～20/A～D 轴梁、板钢筋原材料检验批自检互检记录	2006 年×月×日	1	
13	坡屋顶 1～20/A～D 轴柱钢筋原材料检验批自检互检记录	2006 年×月×日	1	
14	坡屋顶 1～20/A～D 轴梁、板钢筋原材料检验批自检互检记录	2006 年×月×日	1	

五、11 钢筋加工分项工程各检验批自检互检记录（细目）

工程名称	××市世纪花园 3～9 号商住楼			
序号	施工部位、资料名称	编制日期	页数	备注
1	一层 1～20/A～D 轴柱钢筋加工检验批自检互检记录	2006 年×月×日	1	
2	一层 1～20/A～D 轴梁、板钢筋加工检验批自检互检记录	2006 年×月×日	1	
3	二层 1～20/A～D 轴柱钢筋加工检验批自检互检记录	2006 年×月×日	1	
4	二层 1～20/A～D 轴梁、板钢筋加工检验批自检互检记录	2006 年×月×日	1	
5	三层 1～20/A～D 轴柱钢筋加工检验批自检互检记录	2006 年×月×日	1	
6	三层 1～20/A～D 轴梁、板钢筋加工检验批自检互检记录	2006 年×月×日	1	
7	四层 1～20/A～D 轴柱钢筋加工检验批自检互检记录	2006 年×月×日	1	
8	四层 1～20/A～D 轴梁、板钢筋加工检验批自检互检记录	2006 年×月×日	1	
9	五层 1～20/A～D 轴柱钢筋加工检验批自检互检记录	2006 年×月×日	1	
10	五层 1～20/A～D 轴梁、板钢筋加工检验批自检互检记录	2006 年×月×日	1	
11	六层 1～20/A～D 轴柱钢筋加工检验批自检互检记录	2006 年×月×日	1	
12	六层 1～20/A～D 轴梁、板钢筋加工检验批自检互检记录	2006 年×月×日	1	
13	坡屋顶 1～20/A～D 轴柱钢筋加工检验批自检互检记录	2006 年×月×日	1	
14	坡屋顶 1～20/A～D 轴梁、板钢筋加工检验批自检互检记录	2006 年×月×日	1	

五、12 钢筋安装分项工程各检验批自检互检记录（细目）					
工程名称	××市世纪花园 3～9 号商住楼				
序号	施工部位、资料名称	编制日期	页数	备注	
1	一层 1～20/A～D 轴柱钢筋安装检验批自检互检记录	2006 年×月×日	1	
2	一层 1～20/A～D 轴梁、板钢筋安装检验批自检互检记录	2006 年×月×日	1	
3	二层 1～20/A～D 轴柱钢筋安装检验批自检互检记录	2006 年×月×日	1	
4	二层 1～20/A～D 轴梁、板钢筋安装检验批自检互检记录	2006 年×月×日	1	
5	三层 1～20/A～D 轴柱钢筋安装检验批自检互检记录	2006 年×月×日	1	
6	三层 1～20/A～D 轴梁、板钢筋安装检验批自检互检记录	2006 年×月×日	1	
7	四层 1～20/A～D 轴柱钢筋安装检验批自检互检记录	2006 年×月×日	1	
8	四层 1～20/A～D 轴梁、板钢筋安装检验批自检互检记录	2006 年×月×日	1	
9	五层 1～20/A～D 轴柱钢筋安装检验批自检互检记录	2006 年×月×日	1	
10	五层 1～20/A～D 轴梁、板钢筋安装检验批自检互检记录	2006 年×月×日	1	
11	六层 1～20/A～D 轴柱钢筋安装检验批自检互检记录	2006 年×月×日	1	
12	六层 1～20/A～D 轴梁、板钢筋安装检验批自检互检记录	2006 年×月×日	1	
13	坡屋顶 1～20/A～D 轴柱钢筋安装检验批自检互检记录	2006 年×月×日	1	
14	坡屋顶 1～20/A～D 轴梁、板钢筋安装检验批自检互检记录	2006 年×月×日	1	

五、13 混凝土原材料及配合比设计分项工程各检验批自检互检记录（细目）					
工程名称	××市世纪花园 3～9 号商住楼				
序号	施工部位、资料名称	编制日期	页数	备注	
1	一层 1～20/A～D 轴柱混凝土原材料及配合比设计检验批自检互检记录	2006 年×月×日	1	
2	一层 1～20/A～D 轴梁、板混凝土原材料及配合比设计检验批自检互检记录	2006 年×月×日	1	
3	二层 1～20/A～D 轴柱、梁、板混凝土原材料及配合比设计检验批自检互检记录	2006 年×月×日	1	
4	三层 1～20/A～D 轴柱、梁、板混凝土原材料及配合比设计检验批自检互检记录	2006 年×月×日	1	
5	四层 1～20/A～D 轴柱、梁、板混凝土原材料及配合比设计检验批自检互检记录	2006 年×月×日	1	
6	五层 1～20/A～D 轴柱、梁、板混凝土原材料及配合比设计检验批自检互检记录	2006 年×月×日	1	
7	六层 1～20/A～D 轴柱、梁、板混凝土原材料及配合比设计检验批自检互检记录	2006 年×月×日	1	
8	坡屋顶 1～20/A～D 轴柱、梁、板混凝土原材料及配合比设计检验批自检互检记录	2006 年×月×日	1	

五、14 混凝土施工分项工程各检验批自检互检记录（细目）				
工程名称	××市世纪花园 3～9 号商住楼			
序号	施工部位、资料名称	编制日期	页数	备注
1	一层 1～20/A～D 轴柱混凝土施工检验批自检互检记录	2006 年×月×日	1	
2	一层 1～20/A～D 轴梁、板混凝土施工检验批自检互检记录	2006 年×月×日	1	
3	二层 1～20/A～D 轴柱、梁、板混凝土施工检验批自检互检记录	2006 年×月×日	1	
4	三层 1～20/A～D 轴柱、梁、板钢筋原材料检验批自检互检记录	2006 年×月×日	1	
5	四层 1～20/A～D 轴柱、梁、板混凝土施工检验批自检互检记录	2006 年×月×日	1	
6	五层 1～20/A～D 轴柱、梁、板混凝土施工检验批自检互检记录	2006 年×月×日	1	
7	六层 1～20/A～D 轴柱、梁、板混凝土施工检验批自检互检记录	2006 年×月×日	1	
8	坡屋顶 1～20/A～D 轴柱、梁、板混凝土施工检验批自检互检记录	2006 年×月×日	1	

五、15 混凝土现浇结构及外观尺寸偏差分项工程各检验批自检互检记录（细目）				
工程名称	××市世纪花园 3～9 号商住楼			
序号	施工部位、资料名称	编制日期	页数	备注
1	一层 1～20/A～D 轴柱混凝土现浇结构及外观尺寸偏差检验批自检互检记录	2006 年×月×日	1	
2	一层 1～20/A～D 轴梁、板混凝土现浇结构及外观尺寸偏差检验批自检互检记录	2006 年×月×日	1	
3	二层 1～20/A～D 轴柱、梁、板混凝土现浇结构及外观尺寸偏差检验批自检互检记录	2006 年×月×日	1	
4	三层 1～20/A～D 轴柱、梁、板混凝土现浇结构及外观尺寸偏差检验批自检互检记录	2006 年×月×日	1	
5	四层 1～20/A～D 轴柱、梁、板混凝土现浇结构及外观尺寸偏差检验批自检互检记录	2006 年×月×日	1	
6	五层 1～20/A～D 轴柱、梁、板混凝土现浇结构及外观尺寸偏差检验批自检互检记录	2006 年×月×日	1	
7	六层 1～20/A～D 轴柱、梁、板混凝土现浇结构及外观尺寸偏差检验批自检互检记录	2006 年×月×日	1	
8	坡屋顶 1～20/A～D 轴柱、梁、板混凝土现浇结构及外观尺寸偏差检验批自检互检记录	2006 年×月×日	1	

五、16 工序交接单（细目）

工程名称	××市世纪花园 3～9 号商住楼			
序号	施工部位、资料名称	编制日期	页数	备注
1	（一层放线→1～4 单元柱钢筋安装）工序交接单	2006 年×月×日	1	
2	（一层 1～20/A～D 轴柱钢筋加工→1～20/A～D 轴柱钢筋安装）工序交接单	2006 年×月×日	1	
3	（一层 1～20/A～D 轴柱钢筋安装→1～20/A～D 轴柱、梁、板支模）工序交接单	2006 年×月×日	1	
4	（一层 1～20/A～D 轴柱、梁、板支模→1～20/A～D 轴梁、板钢筋安装）工序交接单	2006 年×月×日	1	
5	（一层 1～20/A～D 轴梁、板钢筋安装→1～20/A～D 轴柱、梁、板浇注混凝土）工序交接单	2006 年×月×日	1	
6	（一层 1～20/A～D 轴柱钢筋安装→1～20/A～D 轴砌砖）工序交接单	2006 年×月×日	1	
7	（二层放线→1～4 单元柱钢筋安装）工序交接单	2006 年×月×日	1	
8	（二层柱钢筋加工→二层柱钢筋安装）工序交接单	2006 年×月×日	1	
9	（二层 1～20/A～D 轴砌砖→二层 1～20/A～D 轴柱、梁、板模板安装）工序交接单	2006 年×月×日	1	
10	（二层 1～20/A～D 轴柱、梁、板模板安装→二层 1～20/A～D 轴柱、梁、板浇灌混凝土）工序交接单	2006 年×月×日	1	
11	（三层放线→1～4 单元柱钢筋安装）工序交接单	2006 年×月×日	1	
12	（三层柱钢筋加工→二层柱钢筋安装）工序交接单	2006 年×月×日	1	
13	（三层 1～20/A～D 轴砌砖→二层 1～20/A～D 轴柱、梁、板模板安装）工序交接单	2006 年×月×日	1	
14	（三层 1～20/A～D 轴柱、梁、板模板安装→二层 1～20/A～D 轴柱、梁、板浇灌混凝土）工序交接单	2006 年×月×日	1	
15	（四层放线→1～4 单元柱钢筋安装）工序交接单	2006 年×月×日	1	
16	（四层柱钢筋加工→二层柱钢筋安装）工序交接单	2006 年×月×日	1	
17	（四层 1～20/A～D 轴砌砖→二层 1～20/A～D 轴柱、梁、板模板安装）工序交接单	2006 年×月×日	1	
18	（四层 1～20/A～D 轴柱、梁、板模板安装→二层 1～20/A～D 轴柱、梁、板浇灌混凝土）工序交接单	2006 年×月×日	1	
19	（五层放线→1～4 单元柱钢筋安装）工序交接单	2006 年×月×日	1	
20	（五层柱钢筋加工→二层柱钢筋安装）工序交接单	2006 年×月×日	1	
21	（五层 1～20/A～D 轴砌砖→二层 1～20/A～D 轴柱、梁、板模板安装）工序交接单	2006 年×月×日	1	
22	（五层 1～20/A～D 轴柱、梁、板模板安装→二层 1～20/A～D 轴柱、梁、板浇灌混凝土）工序交接单	2006 年×月×日	1	
23	（六层放线→1～4 单元柱钢筋安装）工序交接单	2006 年×月×日	1	
24	（六层柱钢筋加工→二层柱钢筋安装）工序交接单	2006 年×月×日	1	

续表

五、16 工序交接单（细目）				
工程名称	××市世纪花园 3～9 号商住楼			
序号	施工部位、资料名称	编制日期	页数	备注
25	（六层 1～20/A～D 轴砌砖→二层 1～20/A～D 轴柱、梁、板模板安装）工序交接单	2006 年×月×日	1	
26	（六层 1～20/A～D 轴柱、梁、板模板安装→二层 1～20/A～D 轴柱、梁、板浇灌混凝土）工序交接单	2006 年×月×日	1	
27	（坡屋顶放线→坡屋顶支模）工序交接单	2006 年×月×日	1	
28	（坡屋顶支模→坡屋顶钢筋）工序交接单	2006 年×月×日	1	
29	（坡屋顶钢筋→坡屋顶混凝土浇注）工序交接单	2006 年×月×日	1	

六、混凝土结构实体检验记录（分目录）				
工程名称	××市世纪花园 3～9 号商住楼			
序号	资料名称	编制单位	编制日期	页数	备注
1	混凝土结构实体检验记录	××质量检测中心	2006 年×月×日	1	
2	混凝土保护层检查记录	××质量检测中心	2006 年×月×日	1	

七、主体工程结构验收记录（分目录）				
工程名称	××市世纪花园 3～9 号商住楼			
序号	资料名称	编制单位	编制日期	页数	备注
1	主体工程结构验收记录	××项目部	2006 年×月×日	1	

八、混凝土结构子分部工程、分项工程验收资料（分目录）				
工程名称	××市世纪花园 3～9 号商住楼			
序号	资料名称	编制单位	编制日期	页数	备注
1	混凝土结构子分部工程质量验收记录	××项目部	2006 年×月×日	1	
2	模板安装分项工程各检验批质量验收记录	××项目部	2006 年×月×日	14	有细目
3	模板拆除分项工程各检验批质量验收记录	××项目部	2006 年×月×日	14	有细目
4	钢筋原材料分项工程各检验批质量验收记录	××项目部	2006 年×月×日	28	有细目
5	钢筋加工分项工程各检验批质量验收记录	××项目部	2006 年×月×日	28	有细目
6	钢筋安装分项工程各检验批质量验收记录	××项目部	2006 年×月×日	28	有细目
7	混凝土原材料及配合比设计分项工程各检验批质量验收记录	××项目部	2006 年×月×日	14	有细目
8	混凝土施工分项工程各检验批质量验收记录	××项目部	2006 年×月×日	14	有细目
9	混凝土现浇结构及外观尺寸偏差分项工程各检验批质量验收记录	××项目部	2006 年×月×日	14	有细目
10	装配式结构分项工程各检验批质量验收记录	××项目部	2006 年×月×日	14	有细目

八、2 模板安装分项工程各检验批质量验收记录（细目）

工程名称	××市世纪花园 3～9 号商住楼			
序号	施工部位、资料名称	编制日期	页数	备注
1	一层 1～20/A～D 轴柱、梁、板模板安装检验批质量验收记录	2006 年×月×日	1	
2	二层 1～20/A～D 轴柱、梁、板模板安装检验批质量验收记录	2006 年×月×日	1	
3	三层 1～20/A～D 轴柱、梁、板模板安装检验批质量验收记录	2006 年×月×日	1	
4	四层 1～20/A～D 轴柱、梁、板模板安装检验批质量验收记录	2006 年×月×日	1	
5	五层 1～20/A～D 轴柱、梁、板模板安装检验批质量验收记录	2006 年×月×日	1	
6	六层 1～20/A～D 轴柱、梁、板模板安装检验批质量验收记录	2006 年×月×日	1	
7	坡屋顶 1～20/A～D 轴柱、梁、板模板安装检验批质量验收记录	2006 年×月×日	1	

八、3 模板拆除分项工程各检验批质量验收记录（细目）

工程名称	××市世纪花园 3～9 号商住楼			
序号	施工部位、资料名称	编制日期	页数	备注
1	一层 1～20/A～D 轴柱、梁、板模板拆除检验批质量验收记录	2006 年×月×日	1	
2	二层 1～20/A～D 轴柱、梁、板模板拆除检验批质量验收记录	2006 年×月×日	1	
3	三层 1～20/A～D 轴柱、梁、板模板拆除检验批质量验收记录	2006 年×月×日	1	
4	四层 1～20/A～D 轴柱、梁、板模板拆除检验批质量验收记录	2006 年×月×日	1	
5	五层 1～20/A～D 轴柱、梁、板模板拆除检验批质量验收记录	2006 年×月×日	1	
6	六层 1～20/A～D 轴柱、梁、板模板拆除检验批质量验收记录	2006 年×月×日	1	
7	坡屋顶 1～20/A～D 轴柱、梁、板模板拆除检验批质量验收记录	2006 年×月×日	1	

八、4 钢筋原材料分项工程各检验批质量验收记录（细目）

工程名称	××市世纪花园 3～9 号商住楼			
序号	施工部位、资料名称	编制日期	页数	备注
1	一层 1～20/A～D 轴柱钢筋原材料检验批质量验收记录	2006 年×月×日	1	
2	一层 1～20/A～D 轴梁、板钢筋原材料检验批质量验收记录	2006 年×月×日	1	
3	二层 1～20/A～D 轴柱钢筋原材料检验批质量验收记录	2006 年×月×日	1	
4	二层 1～20/A～D 轴梁、板钢筋原材料检验批质量验收记录	2006 年×月×日	1	
5	三层 1～20/A～D 轴柱钢筋原材料检验批质量验收记录	2006 年×月×日	1	
6	三层 1～20/A～D 轴梁、板钢筋原材料检验批质量验收记录	2006 年×月×日	1	
7	四层 1～20/A～D 轴柱钢筋原材料检验批质量验收记录	2006 年×月×日	1	
8	四层 1～20/A～D 轴梁、板钢筋原材料检验批质量验收记录	2006 年×月×日	1	
9	五层 1～20/A～D 轴柱钢筋原材料检验批质量验收记录	2006 年×月×日	1	
10	五层 1～20/A～D 轴梁、板钢筋原材料检验批质量验收记录	2006 年×月×日	1	
11	六层 1～20/A～D 轴柱钢筋原材料检验批质量验收记录	2006 年×月×日	1	
12	六层 1～20/A～D 轴梁、板钢筋原材料检验批质量验收记录	2006 年×月×日	1	
13	坡屋顶 1～20/A～D 轴柱钢筋原材料检验批质量验收记录	2006 年×月×日	1	
14	坡屋顶 1～20/A～D 轴梁、板钢筋原材料检验批质量验收记录	2006 年×月×日	1	

八、5 钢筋加工分项工程各检验批质量验收记录（细目）

工程名称	××市世纪花园 3～9 号商住楼				
序号	施工部位、资料名称	编制日期	页数	备注
1	一层 1～20/A～D 轴柱钢筋加工检验批质量验收记录	2006 年×月×日	1	
2	一层 1～20/A～D 轴梁、板钢筋加工检验批质量验收记录	2006 年×月×日	1	
3	二层 1～20/A～D 轴柱钢筋加工检验批质量验收记录	2006 年×月×日	1	
4	二层 1～20/A～D 轴梁、板钢筋加工检验批质量验收记录	2006 年×月×日	1	
5	三层 1～20/A～D 轴柱钢筋加工检验批质量验收记录	2006 年×月×日	1	
6	三层 1～20/A～D 轴梁、板钢筋加工检验批质量验收记录	2006 年×月×日	1	
7	四层 1～20/A～D 轴柱钢筋加工检验批质量验收记录	2006 年×月×日	1	
8	四层 1～20/A～D 轴梁、板钢筋加工检验批质量验收记录	2006 年×月×日	1	
9	五层 1～20/A～D 轴柱钢筋加工检验批质量验收记录	2006 年×月×日	1	
10	五层 1～20/A～D 轴梁、板钢筋加工检验批质量验收记录	2006 年×月×日	1	
11	六层 1～20/A～D 轴柱钢筋加工检验批质量验收记录	2006 年×月×日	1	
12	六层 1～20/A～D 轴梁、板钢筋加工检验批质量验收记录	2006 年×月×日	1	
13	坡屋顶 1～20/A～D 轴柱钢筋加工检验批质量验收记录	2006 年×月×日	1	
14	坡屋顶 1～20/A～D 轴梁、板钢筋加工检验批质量验收记录	2006 年×月×日	1	

八、6 钢筋安装分项工程各检验批质量验收记录（细目）

工程名称	××市世纪花园 3～9 号商住楼				
序号	施工部位、资料名称	编制日期	页数	备注
1	一层 1～20/A～D 轴柱钢筋安装检验批质量验收记录	2006 年×月×日	1	
2	一层 1～20/A～D 轴梁、板钢筋安装检验批质量验收记录	2006 年×月×日	1	
3	二层 1～20/A～D 轴柱钢筋安装检验批质量验收记录	2006 年×月×日	1	
4	二层 1～20/A～D 轴梁、板钢筋安装检验批质量验收记录	2006 年×月×日	1	
5	三层 1～20/A～D 轴柱钢筋安装检验批质量验收记录	2006 年×月×日	1	
6	三层 1～20/A～D 轴梁、板钢筋安装检验批质量验收记录	2006 年×月×日	1	
7	四层 1～20/A～D 轴柱钢筋安装检验批质量验收记录	2006 年×月×日	1	
8	四层 1～20/A～D 轴梁、板钢筋安装检验批质量验收记录	2006 年×月×日	1	
9	五层 1～20/A～D 轴柱钢筋安装检验批质量验收记录	2006 年×月×日	1	
10	五层 1～20/A～D 轴梁、板钢筋安装检验批质量验收记录	2006 年×月×日	1	
11	六层 1～20/A～D 轴柱钢筋安装检验批质量验收记录	2006 年×月×日	1	
12	六层 1～20/A～D 轴梁、板钢筋安装检验批质量验收记录	2006 年×月×日	1	
13	坡屋顶 1～20/A～D 轴柱钢筋安装检验批质量验收记录	2006 年×月×日	1	
14	坡屋顶 1～20/A～D 轴梁、板钢筋安装检验批质量验收记录	2006 年×月×日	1	

八、7 混凝土原材料及配合比设计分项工程各检验批质量验收记录（细目）

工程名称	××市世纪花园 3~9 号商住楼			
序号	施工部位、资料名称	编制日期	页数	备注
1	一层 1~20/A~D 轴柱、梁、板混凝土原材料及配合比设计检验批质量验收记录	2006 年×月×日	1	
2	二层 1~20/A~D 轴柱、梁、板混凝土原材料及配合比设计检验批质量验收记录	2006 年×月×日	1	
3	三层 1~20/A~D 轴柱、梁、板混凝土原材料及配合比设计检验批质量验收记录	2006 年×月×日	1	
4	四层 1~20/A~D 轴柱、梁、板混凝土原材料及配合比设计检验批质量验收记录	2006 年×月×日	1	
5	五层 1~20/A~D 轴柱、梁、板混凝土原材料及配合比设计检验批质量验收记录	2006 年×月×日	1	
6	六层 1~20/A~D 轴柱、梁、板混凝土原材料及配合比设计检验批质量验收记录	2006 年×月×日	1	
7	坡屋顶 1~20/A~D 轴柱、梁、板混凝土原材料及配合比设计检验批质量验收记录	2006 年×月×日	1	

八、8 混凝土施工分项工程各检验批质量验收记录（细目）

工程名称	××市世纪花园 3~9 号商住楼			
序号	施工部位、资料名称	编制日期	页数	备注
1	一层 1~20/A~D 轴柱、梁、板混凝土施工检验批质量验收记录	2006 年×月×日	1	
2	二层 1~20/A~D 轴柱、梁、板混凝土施工检验批质量验收记录	2006 年×月×日	1	
3	三层 1~20/A~D 轴柱、梁、板混凝土现浇结构及外观尺寸偏差检验批质量验收记录	2006 年×月×日	1	
4	四层 1~20/A~D 轴柱、梁、板混凝土施工检验批质量验收记录	2006 年×月×日	1	
5	五层 1~20/A~D 轴柱、梁、板混凝土施工检验批质量验收记录	2006 年×月×日	1	
6	六层 1~20/A~D 轴柱、梁、板混凝土施工检验批质量验收记录	2006 年×月×日	1	
7	坡屋顶 1~20/A~D 轴柱、梁、板混凝土施工检验批质量验收记录	2006 年×月×日	1	

八、9 混凝土现浇结构及外观尺寸偏差分项工程各检验批质量验收记录（细目）

工程名称	××市世纪花园 3～9 号商住楼			
序号	施工部位、资料名称	编制日期	页数	备注
1	一层 1～20/A～D 轴梁、板混凝土现浇结构及外观尺寸偏差检验批质量验收记录	2006 年×月×日	1	
2	二层 1～20/A～D 轴柱、梁、板混凝土现浇结构及外观尺寸偏差检验批质量验收记录	2006 年×月×日		
3	三层 1～20/A～D 轴柱、梁、板钢筋原材料检验批质量验收记录	2006 年×月×日		
4	四层 1～20/A～D 轴柱、梁、板混凝土现浇结构及外观尺寸偏差检验批质量验收记录	2006 年×月×日	1	
5	五层 1～20/A～D 轴柱、梁、板混凝土现浇结构及外观尺寸偏差检验批质量验收记录	2006 年×月×日	1	
6	六层 1～20/A～D 轴柱、梁、板混凝土现浇结构及外观尺寸偏差检验批质量验收记录	2006 年×月×日	1	
7	坡屋顶 1～20/A～D 轴柱、梁、板混凝土现浇结构及外观尺寸偏差检验批质量验收记录	2006 年×月×日	1	

八、10 装配式结构分项工程各检验批质量验收记录（细目）

工程名称	××市世纪花园 3～9 号商住楼			
序号	施工部位、资料名称	编制日期	页数	备注
1	一层 1～20/A～D 轴装配式结构检验批质量验收记录	2006 年×月×日	1	
2	二层 1～20/A～D 轴装配式结构检验批质量验收记录	2006 年×月×日	1	
3	三层 1～20/A～D 轴装配式结构检验批质量验收记录	2006 年×月×日	1	
4	四层 1～20/A～D 轴装配式结构检验批质量验收记录	2006 年×月×日	1	
5	五层 1～20/A～D 轴装配式结构检验批质量验收记录	2006 年×月×日	1	
6	六层 1～20/A～D 轴装配式结构检验批质量验收记录	2006 年×月×日	1	
7	坡屋顶 1～20/A～D 轴装配式结构检验批质量验收记录	2006 年×月×日	1	

九、其他必须提供的资料或记录（分目录）

工程名称	××市世纪花园 3～9 号商住楼			
序号	资料名称	编制单位	编制日期	页数	备注
1	新材料、新工艺施工记录	××项目部	2006 年×月×日	10	

（二）砌体结构子分部工程施工资料

十、工程图纸、变更记录（分目录）

工程名称	××市世纪花园 3～9 号商住楼				
序号	资料名称	编制单位	编制日期	页数	备注
1	设计变更单××号	××市建筑设计院	2006 年×月×日	1	
2	设计变更单××号	××市建筑设计院	2006 年×月×日	1	
3	工程洽商记录××号	××项目部	2006 年×月×日	2	
4	工程洽商记录××号	××项目部	2006 年×月×日	1	

十一、测量及复测记录（分目录）

工程名称	××市世纪花园 3～9 号商住楼				
序号	资料名称	编制单位	编制日期	页数	备注
1	一层放线测量及复测记录	××项目部	2005 年×月×日	1	
2	二层放线测量及复测记录	××项目部	2005 年×月×日	1	
3	三层放线测量及复测记录	××项目部	2005 年×月×日	1	
4	四层放线测量及复测记录	××项目部	2005 年×月×日	1	
5	五层放线测量及复测记录	××项目部	2005 年×月×日	1	
6	六层放线测量及复测记录	××项目部	2005 年×月×日	1	
7	坡屋顶放线测量及复测记录	××项目部	2005 年×月×日	1	

十二、施工试验报告及见证取样记录（分目录）

工程名称	××市世纪花园 3～9 号商住楼				
序号	资料名称	编制单位	编制日期	页数	备注
1	砂浆试块试验报告汇总表	××市检测中心	2006 年×月×日	8	
2	砂浆试块试验报告	××项目部	2006 年×月×日	2	
3	砂浆配合比通知单	××市检测中心	2006 年×月×日	2	有细目
4	砂浆强度评定表	××市检测中心	2006 年×月×日	2	
5	见证取样记录	××项目部	2006 年×月×日	2	有细目

十二、3 砂浆配合比通知单（细目）

工程名称	××市世纪花园 3～9 号商住楼				
序号	施工部位、资料名称	编制单位	编制日期	页数	备注
1	M10 水泥砂浆配合比通知单	××项目部	2006 年×月×日	1	
2	M7.5 混合砂浆配合比通知单	××项目部	2006 年×月×日	1	
3	M5.0 混合砂浆配合比通知单	××项目部	2006 年×月×日	1	

十二、5 见证取样记录（细目）

工程名称	××市世纪花园 3～9 号商住楼				
序号	施工部位、资料名称	编制单位	编制日期	页数	备注
1	一层砂浆试块见证取样记录	××市检测中心	2006 年×月×日	1	
2	二层砂浆试块见证取样记录	××市检测中心	2006 年×月×日	1	
3	三层砂浆试块见证取样记录	××市检测中心	2006 年×月×日	1	
4	四层砂浆试块见证取样记录	××市检测中心	2006 年×月×日	1	
5	五层砂浆试块见证取样记录	××市检测中心	2006 年×月×日	1	
6	六层砂浆试块见证取样记录	××市检测中心	2006 年×月×日	1	
7	水泥见证取样记录	××市检测中心	2006 年×月×日	1	
8	砂子见证取样记录	××市检测中心	2006 年×月×日	1	
9	多孔砖、黏土砖见证取样记录	××市检测中心	2006 年×月×日	1	
10	蒸压粉煤灰加气混凝土砌块合格证、试验报告汇总表	××市检测中心	2006 年×月×日	1	
11	粉煤灰见证取样记录	××市检测中心	2006 年×月×日	1	
12	水泥碱活性检验见证取样记录	××市检测中心	2006 年×月×日	1	
13	砂子碱活性见证取样记录	××市检测中心	2006 年×月×日	1	
14	石子碱活性检验见证取样记录	××市检测中心	2006 年×月×日	1	
15	粉煤灰检测见证取样记录	××市检测中心	2006 年×月×日	1	
16	外加剂见证取样记录	××市检测中心	2006 年×月×日	1	

十三、隐蔽工程验收记录（分目录）

工程名称	××市世纪花园 3～9 号商住楼				
序号	资料名称	编制单位	编制日期	页数	备注
1	一层 1～20/A～D 轴砖砌体内拉结筋隐蔽工程验收记录	××项目部	2006 年×月×日	1	
2	二层 1～20/A～D 轴砖砌体内拉结筋隐蔽工程验收记录	××项目部	2006 年×月×日	1	
3	三层 1～20/A～D 轴砖砌体内拉结筋隐蔽工程验收记录	××项目部	2006 年×月×日	1	
4	四层 1～20/A～D 轴砖砌体内拉结筋隐蔽工程验收记录	××项目部	2006 年×月×日	1	
5	五层 1～20/A～D 轴砖砌体内拉结筋隐蔽工程验收记录	××项目部	2006 年×月×日	1	
6	六层 1～20/A～D 轴砖砌体内拉结筋隐蔽工程验收记录	××项目部	2006 年×月×日	1	
7	坡屋顶六层 1～20/A～D 轴砖砌体内拉结筋隐蔽工程验收记录	××项目部	2006 年×月×日	1	

十四、施工记录（分目录）

工程名称	××市世纪花园 3～9 号商住楼				
序号	资料名称	编制单位	编制日期	页数	备注
1	工序交接单	××项目部	2006 年×月×日	12	有细目
2	质量验收记录	××项目部	2006 年×月×日	13	
3	构件吊装记录	××项目部	2006 年×月×日	12	有细目
4	烟道、垃圾道检查记录	××项目部	2006 年×月×日	4	
5	建筑物垂直度、标高、全高测量记录	××项目部	2006 年×月×日	8	
6	抽气（风）道检查记录	××项目部	2006 年×月×日	12	
7	主体结构分部工程冬期混凝土浇灌测温记录	××项目部	2006 年×月×日	12	

十四、1 工序交接单（细目）

工程名称	××市世纪花园 3～9 号商住楼				
序号	施工部位、资料名称	编制单位	编制日期	页数	备注
1	一层（1～20/A～D 轴放线→砌砖）工序交接单	××项目部	2006 年×月×日	1	
2	二层（1～20/A～D 轴放线→砌砖）工序交接单	××项目部	2006 年×月×日	1	
3	三层（1～20/A～D 轴放线→砌砖）工序交接单	××项目部	2006 年×月×日	1	
4	四层（1～20/A～D 轴放线→砌砖）工序交接单	××项目部	2006 年×月×日	1	
5	五层（1～20/A～D 轴放线→砌砖）工序交接单	××项目部	2006 年×月×日	1	
6	六层（1～20/A～D 轴放线→砌砖）工序交接单	××项目部	2006 年×月×日	1	

十四、3 构件吊装记录（细目）

工程名称	××市世纪花园 3～9 号商住楼				
序号	施工部位、资料名称	编制单位	编制日期	页数	备注
1	一层 1～20/A～D 轴过梁构件吊装记录	××项目部	2006 年×月×日	1	
2	二层 1～20/A～D 轴过梁构件吊装记录	××项目部	2006 年×月×日	1	
3	三层 1～20/A～D 轴过梁构件吊装记录	××项目部	2006 年×月×日	1	
4	四层 1～20/A～D 轴过梁构件吊装记录	××项目部	2006 年×月×日	1	
5	五层 1～20/A～D 轴过梁构件吊装记录	××项目部	2006 年×月×日	1	
6	六层 1～20/A～D 轴过梁构件吊装记录	××项目部	2006 年×月×日	1	

十五、施工试验记录（分目录）

工程名称	××市世纪花园 3～9 号商住楼			
序号	资料名称	编制单位	编制日期	页数	备注
1	一层砂浆坍落度测量记录	××市质量检测中心	2006 年×月×日	12	
2	二层砂浆坍落度测量记录	××市质量检测中心	2006 年×月×日	12	
3	三层砂浆坍落度测量记录	××市质量检测中心	2006 年×月×日	12	
4	四层砂浆坍落度测量记录	××市质量检测中心	2006 年×月×日	12	
5	五层砂浆坍落度测量记录	××市质量检测中心	2006 年×月×日	12	
6	六层砂浆坍落度测量记录	××市质量检测中心	2006 年×月×日	12	

十六、砌体结构子分部工程、分项工程验收资料（分目录）

工程名称	××市世纪花园 3～9 号商住楼				
序号	资料名称	编制单位	编制日期	页数	备注
1	砌体结构子分项工程质量验收记录	××项目部	2006 年×月×日	8	
2	砖砌体分项工程各检验批质量验收记录	××项目部	2006 年×月×日	13	有细目
3	填充墙砌体分项工程各检验批质量验收记录	××项目部	2006 年×月×日	2	有细目
4	配筋砖砌体分项工程各检验批质量验收记录	××项目部	2006 年×月×日	13	有细目

十六、2 砖砌体分项工程各检验批质量验收记录（细目）

工程名称	××市世纪花园 3～9 号商住楼			
序号	施工部位、资料名称	编制日期	页数	备注
1	一层 1～20/A～D 轴砖砌体（混水）工程质量验收记录	2006 年×月×日	1	
2	二层 1～20/A～D 轴砖砌体（混水）工程质量验收记录	2006 年×月×日	1	
3	三层 1～20/A～D 轴砖砌体（混水）工程质量验收记录	2006 年×月×日	1	
4	四层 1～20/A～D 轴砖砌体（混水）工程质量验收记录	2006 年×月×日	1	
5	五层 1～20/A～D 轴砖砌体（混水）工程质量验收记录	2006 年×月×日	1	
6	六层 1～20/A～D 轴砖砌体（混水）工程质量验收记录	2006 年×月×日	1	
7	坡屋顶 1～20/A～D 轴砖砌体（混水）工程质量验收记录	2006 年×月×日	1	

十六、3 填充墙砌体分项工程各检验批质量验收记录（细目）

工程名称	××市世纪花园 3～9 号商住楼			
序号	施工部位、资料名称	编制日期	页数	备注
1	一层 1～20/A～D 轴填充砖砌体工程质量验收记录	2006 年×月×日	1	

十六、4 配筋砖砌体分项工程各检验批质量验收记录（细目）

工程名称	××市世纪花园 3～9 号商住楼			
序号	施工部位、资料名称	编制日期	页数	备注
1	一层 1～20/A～D 轴配筋砌体（混水）工程质量验收记录	2006 年×月×日	1	
2	二层 1～20/A～D 轴配筋砌体（混水）工程质量验收记录	2006 年×月×日	1	
3	三层 1～20/A～D 轴配筋砌体（混水）工程质量验收记录	2006 年×月×日	1	
4	四层 1～20/A～D 轴配筋砌体（混水）工程质量验收记录	2006 年×月×日	1	
5	五层 1～20/A～D 轴配筋砌体（混水）工程质量验收记录	2006 年×月×日	1	
6	六层 1～20/A～D 轴配筋砌体（混水）工程质量验收记录	2006 年×月×日	1	
7	坡屋顶 1～20/A～D 轴配筋砌体（混水）工程质量验收记录	2006 年×月×日	1	

十七、其他必须提供的资料和记录（分目录）					
工程名称	××市世纪花园 3～9 号商住楼				
序号	资料名称	编制单位	编制日期	页数	备注
1	质量事故处理记录	××项目部	2006 年×月×日	1	

建 筑 工 程 施 工 资 料

第 三 册

名　　　称：××市世纪花园 3～9 号商住楼

案卷题名：建筑装饰装修工程施工资料

编制单位：××市建筑工程公司

技术主管：×××

编制日期：2006 年×月×日起 2006 年×月×日止

保管期限：长期　　　　　　密级：

保存档号：××××××

共八册　　　第三册

建筑装饰装修工程施工资料（目录）

工程名称	××市世纪花园 3～9 号商住楼				
序号	施工资料题名	编制单位	编制日期	页次	备注
一	装饰装修分部工程质量验收记录	××项目部	2006 年×月×日	4	有分目录
二	装饰装修分部工程控制资料核查记录	××项目部	2006 年×月×日	70	有分目录
三	装饰装修工程主要功能抽查记录	××项目部	2006 年×月×日	9	有分目录
四	装饰装修工程观感质量检查记录	××项目部	2006 年×月×日	26	有分目录
（一）装饰装修工程施工资料					
五	建筑装饰装修分部工程质量验收记录	××项目部	2006 年×月×日	2	有分目录
六	抹灰子分部工程、分项工程验收资料	××项目部	2006 年×月×日	14	有分目录
七	门窗子分部工程、分项工程验收资料	××项目部	2006 年×月×日	20	有分目录
八	轻质隔墙子分部工程、分项工程验收资料	××项目部	2006 年×月×日	7	有分目录
九	饰面板（砖）子分部工程、分项工程验收资料	××项目部	2006 年×月×日	8	有分目录
十	涂饰子分部工程、分项工程验收资料	××项目部	2006 年×月×日	13	有分目录
十一	细部子分部工程、分项工程验收资料	××项目部	2006 年×月×日	13	有分目录
十二	其他必须提供的资料或记录	××项目部	2006 年×月×日	2	有分目录
（二）地面子分部工程施工资料					
十三	地面工程图纸、变更记录	××设计院	2006 年×月×日	4	有分目录
十四	各层混凝土及砂浆配合比试验报告	××市检测中心	2006 年×月×日	2	有分目录
十五	地面素土、灰土基层密实度试验报告	××项目部	2006 年×月×日	2	有分目录
十六	各构造层隐蔽工程验收记录	××项目部	2006 年×月×日	5	有分目录
十七	有防水要求的地面蓄水试验记录	××项目部	2006 年×月×日	6	有分目录
十八	地面子分部工程、分项工程验收记录	××市检测中心	2006 年×月×日	20	有分目录
十九	其他必须提供的资料或记录	××项目部	2006 年×月×日	5	有分目录

（一）装饰装修工程施工资料

五、建筑装饰装修分部工程质量验收记录（分目录）

工程名称	××市世纪花园 3～9 号商住楼				
序号	资料名称	编制单位	编制日期	页数	备注
1	建筑装饰装修分部工程质量验收记录	××项目部	2006 年×月×日	2	

六、抹灰子分部工程、分项工程验收资料（分目录）

工程名称	××市世纪花园 3～9 号商住楼				
序号	资料名称	编制单位	编制日期	页数	备注
1	抹灰子分部工程质量验收记录	××项目部	2006 年×月×日	2	
2	一般抹灰分项工程各检验批质量验收记录	××项目部	2006 年×月×日	6	有细目
3	装饰抹灰分项工程各检验批质量验收记录	××项目部	2006 年×月×日	6	有细目

六、2 一般抹灰分项工程各检验批质量验收记录（细目）

工程名称	××市世纪花园 3～9 号商住楼				
序号	施工部位、资料名称	编制单位	编制日期	页数	备注
1	六层一般抹灰检验批质量验收记录	××项目部	2006 年×月×日	1	
2	五层一般抹灰检验批质量验收记录	××项目部	2006 年×月×日	1	
3	四层一般抹灰检验批质量验收记录	××项目部	2006 年×月×日	1	
4	三层一般抹灰检验批质量验收记录	××项目部	2006 年×月×日	1	
5	二层一般抹灰检验批质量验收记录	××项目部	2006 年×月×日	1	
6	一层一般抹灰检验批质量验收记录	××项目部	2006 年×月×日	1	

六、3 装饰抹灰分项工程各检验批质量验收记录（细目）

工程名称	××市世纪花园 3～9 号商住楼				
序号	施工部位、资料名称	编制单位	编制日期	页数	备注
1	六层装饰抹灰检验批质量验收记录	××项目部	2006 年×月×日	1	
2	五层装饰抹灰检验批质量验收记录	××项目部	2006 年×月×日	1	
3	四层装饰抹灰检验批质量验收记录	××项目部	2006 年×月×日	1	
4	三层装饰抹灰检验批质量验收记录	××项目部	2006 年×月×日	1	
5	二层装饰抹灰检验批质量验收记录	××项目部	2006 年×月×日	1	
6	一层装饰抹灰检验批质量验收记录	××项目部	2006 年×月×日	1	

七、门窗子分部工程、分项工程验收资料（分目录）

工程名称	××市世纪花园 3～9 号商住楼				
序号	资料名称	编制单位	编制日期	页数	备注
1	门窗子分部工程质量验收记录	××项目部	2006 年×月×日	1	
2	木门窗制作与安装分项工程各检验批质量验收记录	××项目部	2006 年×月×日	6	有细目
3	塑料门窗制作与安装分项工程各检验批质量验收记录	××项目部	2006 年×月×日	6	有细目
4	金属门窗制作与安装分项工程各检验批质量验收记录	××项目部	2006 年×月×日	1	有细目
5	门窗玻璃安装分项工程各检验批质量验收记录	××项目部	2006 年×月×日	6	有细目

七、2 木门窗制作与安装分项工程各检验批质量验收记录（细目）

工程名称	××市世纪花园 3～9 号商住楼				
序号	施工部位、资料名称	编制单位	编制日期	页数	备注
1	六层木门窗制作与安装检验批质量验收记录	××项目部	2006 年×月×日	1	
2	五层木门窗制作与安装检验批质量验收记录	××项目部	2006 年×月×日	1	
3	四层木门窗制作与安装检验批质量验收记录	××项目部	2006 年×月×日	1	
4	三层木门窗制作与安装检验批质量验收记录	××项目部	2006 年×月×日	1	
5	二层木门窗制作与安装检验批质量验收记录	××项目部	2006 年×月×日	1	
6	一层木门窗制作与安装检验批质量验收记录	××项目部	2006 年×月×日	1	

七、3 塑料门窗制作与安装分项工程各检验批质量验收记录（细目）

工程名称	××市世纪花园 3～9 号商住楼				
序号	施工部位、资料名称	编制单位	编制日期	页数	备注
1	六层塑料门窗安装检验批质量验收记录	××项目部	2006 年×月×日	1	
2	五层塑料门窗安装检验批质量验收记录	××项目部	2006 年×月×日	1	
3	四层塑料门窗安装检验批质量验收记录	××项目部	2006 年×月×日	1	
4	三层塑料门窗安装检验批质量验收记录	××项目部	2006 年×月×日	1	
5	二层塑料门窗安装检验批质量验收记录	××项目部	2006 年×月×日	1	
6	一层塑料门窗安装检验批质量验收记录	××项目部	2006 年×月×日	1	

七、4 金属门窗制作与安装分项工程各检验批质量验收记录（细目）

工程名称	××市世纪花园 3～9 号商住楼				
序号	施工部位、资料名称	编制单位	编制日期	页数	备注
1	一层金属门窗制作与安装检验批质量验收记录	××项目部	2006 年×月×日	1	

七、5 门窗玻璃安装分项工程各检验批质量验收记录（细目）

工程名称	××市世纪花园 3～9 号商住楼				
序号	施工部位、资料名称	编制单位	编制日期	页数	备注
1	六层门窗玻璃安装检验批质量验收记录	××项目部	2006 年×月×日	1	
2	五层门窗玻璃安装检验批质量验收记录	××项目部	2006 年×月×日	1	
3	四层门窗玻璃安装检验批质量验收记录	××项目部	2006 年×月×日	1	
4	三层门窗玻璃安装检验批质量验收记录	××项目部	2006 年×月×日	1	
5	二层门窗玻璃安装检验批质量验收记录	××项目部	2006 年×月×日	1	
6	一层门窗玻璃安装检验批质量验收记录	××项目部	2006 年×月×日	1	

八、轻质隔墙子分部工程、分项工程验收资料（分目录）

工程名称	××市世纪花园 3～9 号商住楼				
序号	资料名称	编制单位	编制日期	页数	备注
1	轻质隔墙子分部工程质量验收记录	××项目部	2006 年×月×日	1	
2	玻璃隔墙分项工程各检验批质量验收记录	××项目部	2006 年×月×日	6	有细目

八、2 玻璃隔墙分项工程各检验批质量验收记录（细目）

工程名称	××市世纪花园 3～9 号商住楼				
序号	施工部位、资料名称	编制单位	编制日期	页数	备注
1	六层玻璃隔墙检验批质量验收记录	××项目部	2006 年×月×日	1	
2	五层玻璃隔墙检验批质量验收记录	××项目部	2006 年×月×日	1	
3	四层玻璃隔墙检验批质量验收记录	××项目部	2006 年×月×日	1	
4	三层玻璃隔墙检验批质量验收记录	××项目部	2006 年×月×日	1	
5	二层玻璃隔墙检验批质量验收记录	××项目部	2006 年×月×日	1	
6	一层玻璃隔墙检验批质量验收记录	××项目部	2006 年×月×日	1	

九、饰面板（砖）子分部工程、分项工程验收资料（分目录）

工程名称	××市世纪花园 3～9 号商住楼				
序号	资料名称	编制单位	编制日期	页数	备注
1	饰面板（砖）子分部工程质量验收记录	××项目部	2006 年×月×日	1	
2	饰面板安装分项工程各检验批质量验收记录	××项目部	2006 年×月×日	1	有细目
3	饰面砖粘贴分项工程各检验批质量验收记录	××项目部	2006 年×月×日	6	有细目

九、2 饰面板安装分项工程各检验批质量验收记录（细目）

工程名称	××市世纪花园 3～9 号商住楼				
序号	施工部位、资料名称	编制单位	编制日期	页数	备注
1	一层饰面板安装检验批质量验收记录	××项目部	2006 年×月×日	1	

九、3 饰面砖粘贴分项工程各检验批质量验收记录（细目）

工程名称	××市世纪花园 3～9 号商住楼				
序号	施工部位、资料名称	编制单位	编制日期	页数	备注
1	六层饰面砖粘贴检验批质量验收记录	××项目部	2006 年×月×日	1	
2	五层饰面砖粘贴检验批质量验收记录	××项目部	2006 年×月×日	1	
3	四层饰面砖粘贴检验批质量验收记录	××项目部	2006 年×月×日	1	
4	三层饰面砖粘贴检验批质量验收记录	××项目部	2006 年×月×日	1	
5	二层饰面砖粘贴检验批质量验收记录	××项目部	2006 年×月×日	1	
6	一层饰面砖粘贴检验批质量验收记录	××项目部	2006 年×月×日	1	

十、涂饰子分部工程、分项工程验收资料（分目录）

工程名称	××市世纪花园 3～9 号商住楼				
序号	资料名称	编制单位	编制日期	页数	备注
1	涂饰子分部工程质量验收记录	××项目部	2006 年×月×日	1	
2	水性涂料涂饰分项工程各检验批质量验收记录	××项目部	2006 年×月×日	6	有细目
3	溶剂型涂料涂饰分项工程各检验批质量验收记录	××项目部	2006 年×月×日	6	有细目

十、2 水性涂料涂饰分项工程各检验批质量验收记录（细目）

工程名称	××市世纪花园 3～9 号商住楼				
序号	施工部位、资料名称	编制单位	编制日期	页数	备注
1	六层水性涂料涂饰检验批质量验收记录	××项目部	2006 年×月×日	1	
2	五层水性涂料涂饰检验批质量验收记录	××项目部	2006 年×月×日	1	
3	四层水性涂料涂饰检验批质量验收记录	××项目部	2006 年×月×日	1	
4	三层水性涂料涂饰检验批质量验收记录	××项目部	2006 年×月×日	1	
5	二层水性涂料涂饰检验批质量验收记录	××项目部	2006 年×月×日	1	
6	一层水性涂料涂饰检验批质量验收记录	××项目部	2006 年×月×日	1	

十、3 溶剂型涂料涂饰分项工程各检验批质量验收记录（细目）

工程名称	××市世纪花园 3～9 号商住楼				
序号	施工部位、资料名称	编制单位	编制日期	页数	备注
1	六层溶剂型涂料涂饰检验批质量验收记录	××项目部	2006 年×月×日	1	
2	五层溶剂型涂料涂饰检验批质量验收记录	××项目部	2006 年×月×日	1	
3	四层溶剂型涂料涂饰检验批质量验收记录	××项目部	2006 年×月×日	1	
4	三层溶剂型涂料涂饰检验批质量验收记录	××项目部	2006 年×月×日	1	
5	二层溶剂型涂料涂饰检验批质量验收记录	××项目部	2006 年×月×日	1	
6	一层溶剂型涂料涂饰检验批质量验收记录	××项目部	2006 年×月×日	1	

十一、细部子分部工程、分项工程验收资料（分目录）

工程名称	××市世纪花园 3～9 号商住楼				
序号	资料名称	编制单位	编制日期	页数	备注
1	细部子分部工程质量验收记录	××项目部	2006 年×月×日	1	
2	窗帘盒、窗台板和暖气罩制作与安装分项工程各检验批质量验收记录	××项目部	2006 年×月×日	6	有细目
3	护栏和扶手制作与安装分项工程各检验批质量验收记录	××项目部	2006 年×月×日	6	有细目

十一、2 窗帘盒、窗台板和暖气罩制作与安装分项工程各检验批质量验收记录（细目）

工程名称	××市世纪花园 3～9 号商住楼				
序号	施工部位、资料名称	编制单位	编制日期	页数	备注
1	六层窗帘盒、窗台板和暖气罩制作与安装检验批质量验收记录	××项目部	2006 年×月×日	1	
2	五层窗帘盒、窗台板和暖气罩制作与安装检验批质量验收记录	××项目部	2006 年×月×日	1	
3	四层窗帘盒、窗台板和暖气罩制作与安装检验批质量验收记录	××项目部	2006 年×月×日	1	
4	三层窗帘盒、窗台板和暖气罩制作与安装检验批质量验收记录	××项目部	2006 年×月×日	1	
5	二层窗帘盒、窗台板和暖气罩制作与安装检验批质量验收记录	××项目部	2006 年×月×日	1	
6	一层窗帘盒、窗台板和暖气罩制作与安装检验批质量验收记录	××项目部	2006 年×月×日	1	

十一、3 护栏和扶手制作与安装分项工程各检验批质量验收记录（细目）

工程名称	××市世纪花园 3～9 号商住楼				
序号	施工部位、资料名称	编制单位	编制日期	页数	备注
1	六层护栏和扶手制作与安装检验批质量验收记录	××项目部	2006 年×月×日	1	
2	五层护栏和扶手制作与安装检验批质量验收记录	××项目部	2006 年×月×日	1	
3	四层护栏和扶手制作与安装检验批质量验收记录	××项目部	2006 年×月×日	1	
4	三层护栏和扶手制作与安装检验批质量验收记录	××项目部	2006 年×月×日	1	
5	二层护栏和扶手制作与安装检验批质量验收记录	××项目部	2006 年×月×日	1	
6	一层护栏和扶手制作与安装检验批质量验收记录	××项目部	2006 年×月×日	1	

十二、其他必须提供的资料或记录（分目录）

工程名称	××市世纪花园 3～9 号商住楼				
序号	资料名称	编制单位	编制日期	页数	备注
1	新材料、新工艺施工记录	××项目部	2005 年 12 月 14 日	2	

（二）地面子分部工程施工资料

十三、地面工程图纸、变更记录（分目录）

工程名称	××市世纪花园 3～9 号商住楼				
序号	资料名称	编制单位	编制日期	页数	备注
1	设计变更单××号	××市建筑设计院	2006 年×月×日	1	
2	设计变更单××号	××市建筑设计院	2006 年×月×日	1	
3	工程洽商记录××号	××项目部	2006 年×月×日	1	
4	工程洽商记录××号	××项目部	2006 年×月×日	1	

十四、各层混凝土及砂浆配合比试验报告（分目录）

工程名称	××市世纪花园 3～9 号商住楼				
序号	资料名称	编制单位	编制日期	页数	备注
1	地面基层混凝土配合比及试块试验报告	××项目部	2006 年×月×日	1	
2	地面面层混凝土配合比及试块试验报告	××项目部	2006 年×月×日	1	

十五、地面素土、灰土基层密实度试验报告（分目录）

工程名称	××市世纪花园 3～9 号商住楼				
序号	资料名称	编制单位	编制日期	页数	备注
1	灰土垫层干密度试验报告	××项目部	2006 年×月×日	1	
2	地面混凝土垫层试块试验报告	××项目部	2006 年×月×日	1	

十六、各构造层隐蔽工程验收记录（分目录）

工程名称	××市世纪花园 3～9 号商住楼				
序号	资料名称	编制单位	编制日期	页数	备注
1	一层地面灰土垫层隐蔽工程验收记录	××项目部	2006 年×月×日	1	
2	二层地面灰土垫层隐蔽工程验收记录	××项目部	2006 年×月×日	1	
3	三层地面灰土垫层隐蔽工程验收记录	××项目部	2006 年×月×日	1	
4	四层地面灰土垫层隐蔽工程验收记录	××项目部	2006 年×月×日	1	
5	五层地面灰土垫层隐蔽工程验收记录	××项目部	2006 年×月×日	1	
6	六层地面灰土垫层隐蔽工程验收记录	××项目部	2006 年×月×日	1	

十七、有防水要求的地面蓄水试验记录（分目录）

工程名称	××市世纪花园 3～9 号商住楼				
序号	资料名称	编制单位	编制日期	页数	备注
1	六层厨房、卫生间蓄水试验记录	××项目部	2006 年×月×日	1	
2	五层厨房、卫生间蓄水试验记录	××项目部	2006 年×月×日	1	
3	四层厨房、卫生间蓄水试验记录	××项目部	2006 年×月×日	1	
4	三层厨房、卫生间蓄水试验记录	××项目部	2006 年×月×日	1	
5	二层厨房、卫生间蓄水试验记录	××项目部	2006 年×月×日	1	
6	一层厨房、卫生间蓄水试验记录	××项目部	2006 年×月×日	1	

十八、地面子分部工程、分项工程验收记录（分目录）

工程名称	××市世纪花园 3～9 号商住楼				
序号	资料名称	编制单位	编制日期	页数	备注
1	地面子分部工程质量验收记录	××项目部	2006 年×月×日	1	
2	基层分项工程各检验批质量验收记录	××项目部	2006 年×月×日	6	有细目
3	水泥混凝土面层分项工程各检验批质量验收记录	××项目部	2006 年×月×日	6	有细目
4	砖面层分项工程各检验批质量验收记录	××项目部	2006 年×月×日	6	有细目
5	大理石面层和花岗石面层分项工程各检验批质量验收记录	××项目部	2006 年×月×日	1	有细目

十八、2 基层分项工程各检验批质量验收记录（细目）

工程名称	××市世纪花园 3～9 号商住楼				
序号	施工部位、资料名称	编制单位	编制日期	页数	备注
1	六层基层检验批质量验收记录	××项目部	2006 年×月×日	1	
2	五层基层检验批质量验收记录	××项目部	2006 年×月×日	1	
3	四层基层检验批质量验收记录	××项目部	2006 年×月×日	1	
4	三层基层检验批质量验收记录	××项目部	2006 年×月×日	1	
5	二层基层检验批质量验收记录	××项目部	2006 年×月×日	1	
6	一层基层检验批质量验收记录	××项目部	2006 年×月×日	1	

十八、3 水泥混凝土面层分项工程各检验批质量验收记录（细目）

工程名称	××市世纪花园 3～9 号商住楼				
序号	施工部位、资料名称	编制单位	编制日期	页数	备注
1	六层水泥混凝土面层检验批质量验收记录	××项目部	2006 年×月×日	1	
2	五层水泥混凝土面层检验批质量验收记录	××项目部	2006 年×月×日	1	
3	四层水泥混凝土面层检验批质量验收记录	××项目部	2006 年×月×日	1	
4	三层水泥混凝土面层检验批质量验收记录	××项目部	2006 年×月×日	1	
5	二层水泥混凝土面层检验批质量验收记录	××项目部	2006 年×月×日	1	
6	一层水泥混凝土面层检验批质量验收记录	××项目部	2006 年×月×日	1	

十八、4 砖面层分项工程各检验批质量验收记录（细目）

工程名称	××市世纪花园 3～9 号商住楼				
序号	施工部位、资料名称	编制单位	编制日期	页数	备注
1	六层砖面层检验批质量验收记录	××项目部	2006 年×月×日	1	
2	五层砖面层检验批质量验收记录	××项目部	2006 年×月×日	1	
3	四层砖面层检验批质量验收记录	××项目部	2006 年×月×日	1	
4	三层砖面层检验批质量验收记录	××项目部	2006 年×月×日	1	
5	二层砖面层检验批质量验收记录	××项目部	2006 年×月×日	1	
6	一层砖面层检验批质量验收记录	××项目部	2006 年×月×日	1	

十八、5 大理石面层和花岗石面层分项工程各检验批质量验收记录（细目）

工程名称	××市世纪花园 3～9 号商住楼				
序号	施工部位、资料名称	编制单位	编制日期	页数	备注
1	一层大理石面层和花岗石面层检验批质量验收记录	××项目部	2006 年×月×日	1	

十九、其他必须提供的资料或记录（分目录）

工程名称	××市世纪花园 3～9 号商住楼				
序号	资料名称	编制单位	编制日期	页数	备注
1	楼地面坡度检查记录	××项目部	2006 年×月×日	1	
2	工序交接单	××项目部	2006 年×月×日	1	
3	预检记录	××项目部	2006 年×月×日	1	
4	自检互检记录	××项目部	2006 年×月×日	1	
5	工程见证取样记录	××项目部	2006 年×月×日	1	有细目

十九、5 工程见证取样记录（细目）					
工程名称	××市世纪花园 3～9 号商住楼				
序号	施工部位、资料名称	编制单位	编制日期	页数	备注
1	地板砖、面砖见证取样记录	××市检测中心	2006 年×月×日		
2	天然花岗石建筑板材见证取样记录	××市检测中心	2006 年×月×日		

建 筑 工 程 施 工 资 料

第 四 册

名　　称：××市世纪花园 3～9 号商住楼

案卷题名：屋面工程施工资料

编制单位：××市建筑工程公司

技术主管：×××

编制日期：2006 年×月×日起 2006 年×月×日止

保管期限：长期　　　　　密级：

保存档号：××××××

共八册　　第四册

屋面工程施工资料（目录）

工程名称	××市世纪花园 3～9 号商住楼				
序号	施工资料题名	编制单位	编制日期	页次	备注
一	屋面工程图纸及设计变更资料	××项目部	2006 年×月×日	3	有分目录
二	屋面技术交底记录	××项目部	2006 年×月×日	5	有分目录
三	隐蔽工程验收记录	××项目部	2006 年×月×日	2	有分目录
四	施工试验记录	××项目部	2006 年×月×日	9	有分目录
五	卷材防水屋面子分部工程、分项工程验收资料	××项目部	2006 年×月×日	3	有分目录
六	瓦屋面子分部工程、分项工程验收资料	××项目部	2006 年×月×日	3	有分目录
七	其他必须提供的资料和记录	××项目部	2006 年×月×日	1	有分目录

一、屋面工程图纸及设计变更资料（分目录）

工程名称	××市世纪花园 3～9 号商住楼				
序号	资料名称	编制单位	编制日期	页数	备注
1	图纸会审记录	××市建筑工程公司	2006 年×月×日	1	
2	设计变更单××号	××市建筑设计院	2006 年×月×日	1	
3	工程洽商记录××号	××项目部	2006 年×月×日	1	

二、屋面技术交底记录（分目录）

工程名称	××市世纪花园 3～9 号商住楼				
序号	资料名称	编制单位	编制日期	页数	备注
1	屋面保温层技术交底	××项目部	2006 年×月×日	2	
2	屋面找平层技术交底	××项目部	2006 年×月×日	2	
3	屋面防水层技术交底	××项目部	2006 年×月×日	2	
4	屋面细部构造技术交底	××项目部	2006 年×月×日	2	
5	平瓦屋面技术交底	××项目部	2006 年×月×日	1	

三、隐蔽工程验收记录（分目录）

工程名称	××市世纪花园 3～9 号商住楼				
序号	资料名称	编制单位	编制日期	页数	备注
1	屋面保温层隐蔽工程验收记录	××项目部	2006 年×月×日	1	
2	屋面找平层隐蔽工程验收记录	××项目部	2006 年×月×日	1	
3	屋面防水层隐蔽工程验收记录	××项目部	2006 年×月×日		

四、施工试验记录（分目录）

工程名称	××市世纪花园 3～9 号商住楼				
序号	资料名称	编制单位	编制日期	页数	备注
1	屋面蓄水试验记录	××项目部	2006 年×月×日	1	
2	屋面淋水试验记录	××项目部	2006 年×月×日	1	
3	屋面坡度检查记录	××项目部	2006 年×月×日	1	
4	工序交接单	××项目部	2006 年×月×日	2	有细目
5	自检互检记录	××项目部	2006 年×月×日	6	有细目

四、4 工序交接单（细目）

工程名称	××市世纪花园 3～9 号商住楼				
序号	施工部位、资料名称	编制单位	编制日期	页数	备注
1	（屋面防水层→屋面找平层）工序交接单	××项目部	2006 年×月×日	1	
2	（屋面找平层→瓦屋面）工序交接单	××项目部	2006 年×月×日	1	

四、5 自检互检记录（细目）

工程名称	××市世纪花园 3～9 号商住楼				
序号	施工部位、资料名称	编制单位	编制日期	页数	备注
1	卷材防水屋面检验批自检互检记录	××项目部	2006 年×月×日	1	
2	卷材防水层检验批自检互检记录	××项目部	2006 年×月×日	1	
3	找平层检验批自检互检记录	××项目部	2006 年×月×日	1	
4	瓦屋面检验批自检互检记录	××项目部	2006 年×月×日	1	
5	平瓦屋面检验批自检互检记录	××项目部	2006 年×月×日	1	
6	细部构造检验批自检互检记录	××项目部	2006 年×月×日	1	

五、卷材防水屋面子分部工程、分项工程验收资料（分目录）

工程名称	××市世纪花园 3～9 号商住楼				
序号	资料名称	编制单位	编制日期	页数	备注
1	卷材防水屋面子分部工程质量验收记录	××项目部	2006 年×月×日	1	
2	卷材防水屋面分项工程各检验批质量验收记录	××项目部	2006 年×月×日	1	有细目
3	卷材防水屋面找平层分项工程各检验批质量验收记录	××项目部	2006 年×月×日	1	有细目

五、2 卷材防水屋面分项工程各检验批质量验收记录（细目）

工程名称	××市世纪花园 3～9 号商住楼			
序号	施工部位、资料名称	编制日期	页数	备注
1	卷材防水层检验批质量验收记录	2006 年×月×日	1	

五、3 卷材防水屋面找平层分项工程各检验批质量验收记录（细目）

工程名称	××市世纪花园 3～9 号商住楼			
序号	施工部位、资料名称	编制日期	页数	备注
1	屋面找平层检验批质量验收记录	2006 年×月×日	1	

六、瓦屋面子分部工程、分项工程验收资料（分目录）

工程名称	××市世纪花园 3～9 号商住楼				
序号	资料名称	编制单位	编制日期	页数	备注
1	瓦屋面子分部工程质量验收记录	××项目部	2006 年×月×日	1	
2	瓦屋面分项工程各检验批质量验收记录	××项目部	2006 年×月×日	1	有细目
3	瓦屋面细部构造分项工程各检验批质量验收记录	××项目部	2006 年×月×日	1	有细目

六、2 瓦屋面分项工程各检验批质量验收记录（细目）

工程名称	××市世纪花园 3～9 号商住楼			
序号	施工部位、资料名称	编制日期	页数	备注
1	平瓦屋面检验批质量验收记录	2006 年×月×日	1	

六、3 瓦屋面细部构造分项工程各检验批质量验收记录（细目）

工程名称	××市世纪花园 3～9 号商住楼			
序号	施工部位、资料名称	编制日期	页数	备注
1	细部构造检验批质量验收记录	2006 年×月×日	1	

七、其他必须提供的资料和记录（分目录）

工程名称	××市世纪花园 3～9 号商住楼				
序号	资料名称	编制单位	编制日期	页数	备注
1	新材料、新工艺施工记录	××项目部	2006 年×月×日	1	

建 筑 工 程 施 工 资 料

第　五　册

名　　　称：××市世纪花园 3～9 号商住楼

案卷题名：建筑给水、排水与采暖工程施工资料

编制单位：××市建筑工程公司

技术主管：×××

编制日期：2006 年×月×日起 2006 年×月×日止

保管期限：长期　　　　　密级：

保存档号：×××××

共八册　　　第五册

建筑给水、排水与采暖工程施工资料（目录）

工程名称		××市世纪花园 3～9 号商住楼				
序号	施工资料题名		编制单位	编制日期	页次	备注
一	水暖分部工程概况表		××项目部	2006 年×月×日	1	
二	施工现场质量管理记录		××项目部	2006 年×月×日	1	
三	建筑给水排水及采暖分部工程质量验收记录		××项目部	2006 年×月×日	1	
四	质量控制资料核查表		××项目部	2006 年×月×日	1	
五	安全和功能检测资料核查及主要功能抽查记录		××项目部	2006 年×月×日	1	
六	分部工程观感质量检查记录		××项目部	2006 年×月×日	1	
七	质量管理资料		××项目部	2006 年×月×日	44	有分目录
八	隐蔽工程验收记录		××项目部	2006 年×月×日	8	有分目录
九	施工记录		××项目部	2006 年×月×日	59	有分目录
十	室内给水系统子分部工程、分项工程质量验收资料		××项目部	2006 年×月×日	22	有分目录
十一	室内排水系统子分部工程、分项工程质量验收资料		××项目部	2006 年×月×日	10	有分目录
十二	卫生器具安装子分部工程、分项工程质量验收资料		××项目部	2006 年×月×日	14	有分目录
十三	室内采暖系统子分部工程、分项工程质量验收资料		××项目部	2006 年×月×日	12	有分目录
十四	水暖施工图及设计变更资料		××项目部	2006 年×月×日	2	有分目录
十五	其他必须提供的资料或记录		××项目部	2006 年×月×日	1	有分目录

七、质量管理资料（分目录）

工程名称		××市世纪花园 3～9 号商住楼			
序号	资料名称	编制单位	编制日期	页数	备注
1	技术交底记录	××项目部	2005 年×月×日	12	有细目
2	预检工程记录	××项目部	2005 年×月×日	32	有细目

七、1技术交底记录（细目）

工程名称	××市世纪花园3～9号商住楼			
序号	施工部位、资料名称	编制日期	页数	备注
1	给水管道及配件安装技术交底	2006年×月×日	1	
2	室内消防系统安装技术交底	2006年×月×日	1	
3	排水管道及配件安装技术交底	2006年×月×日	1	
4	卫生器具给水配件安装技术交底	2006年×月×日	1	
5	卫生器具排水管道安装技术交底	2006年×月×日	1	
6	管道及配件安装技术交底	2006年×月×日	1	
7	散热器安装技术交底	2006年×月×日	1	

七、2预检工程记录（细目）

工程名称	××市世纪花园3～9号商住楼				
序号	施工部位、资料名称	编制单位	编制日期	页数	备注
1	一单元消火栓箱预检工程记录	××项目部	2006年×月×日	2	
2	一层顶板结构预留预检工程记录	××项目部	2006年×月×日	2	
3	二层顶板结构预留预检工程记录	××项目部	2006年×月×日	2	
4	三层顶板结构预留预检工程记录	××项目部	2006年×月×日	2	
5	四层顶板结构预留预检工程记录	××项目部	2006年×月×日	2	
6	五层顶板结构预留预检工程记录	××项目部	2006年×月×日	2	
7	六层顶板结构预留预检工程记录	××项目部	2006年×月×日	2	
8	一层室内给水系统管道安装	××项目部	2006年×月×日	2	
9	二层室内给水系统管道安装	××项目部	2006年×月×日	2	
10	三层室内给水系统管道安装	××项目部	2006年×月×日	2	
11	四层室内给水系统管道安装	××项目部	2006年×月×日	2	
12	五层室内给水系统管道安装	××项目部	2006年×月×日	2	
13	六层室内给水系统管道安装	××项目部	2006年×月×日	2	

八、隐蔽工程验收记录（分目录）

工程名称	×× 市世纪花园 3～9 号商住楼				
序号	资料名称	编制单位	编制日期	页数	备注
1	一层厨房、卫生间冷热水管墙内暗敷预埋	×× 项目部	2006 年 × 月 × 日	1	
2	二层厨房、卫生间冷热水管墙内暗敷预埋	×× 项目部	2006 年 × 月 × 日	1	
3	三层厨房、卫生间冷热水管墙内暗敷预埋	×× 项目部	2006 年 × 月 × 日	1	
4	四层厨房、卫生间冷热水管墙内暗敷预埋	×× 项目部	2006 年 × 月 × 日	1	
5	五层厨房、卫生间冷热水管墙内暗敷预埋	×× 项目部	2006 年 × 月 × 日	1	
6	六层厨房、卫生间冷热水管墙内暗敷预埋	×× 项目部	2006 年 × 月 × 日	1	
7	屋面水箱预埋止水套管	×× 项目部	2006 年 × 月 × 日	1	
8	管道井内管道安装	×× 项目部	2006 年 × 月 × 日	1	

九、施工记录（分目录）

工程名称	×× 市世纪花园 3～9 号商住楼				
序号	资料名称	编制单位	编制日期	页数	备注
1	工序交接单	×× 项目部	2006 年 × 月 × 日	12	有细目
2	自检互检记录	×× 项目部	2006 年 × 月 × 日	45	有细目
3	新材料、新工艺施工记录	×× 项目部	2006 年 × 月 × 日	2	

九、1 工序交接单（细目）

工程名称	×× 市世纪花园 3～9 号商住楼				
序号	施工部位、资料名称	编制单位	编制日期	页数	备注
1	一单元（管道安装→管道防腐）工序交接单	×× 项目部	2006 年 × 月 × 日	1	
2	二单元（管道安装→管道防腐）工序交接单	×× 项目部	2006 年 × 月 × 日	1	
3	三单元（管道安装→管道防腐）工序交接单	×× 项目部	2006 年 × 月 × 日	1	
4	一单元（管道安装→管道绝热）工序交接单	×× 项目部	2006 年 × 月 × 日	1	
5	二单元（管道安装→管道绝热）工序交接单	×× 项目部	2006 年 × 月 × 日	1	
6	三单元（管道安装→管道绝热）工序交接单	×× 项目部	2006 年 × 月 × 日	1	
7	一单元（管道安装→系统水压试验与调试）工序交接单	×× 项目部	2006 年 × 月 × 日	1	
8	二单元（管道安装→系统水压试验与调试）工序交接单	×× 项目部	2006 年 × 月 × 日	1	
9	三单元（管道安装→系统水压试验与调试）工序交接单	×× 项目部	2006 年 × 月 × 日	1	

九、2 自检互检记录（细目）

工程名称	××市世纪花园 3～9 号商住楼				
序号	施工部位、资料名称	编制单位	编制日期	页数	备注
1	一单元给水管道及配件安装检验批自检互检记录	××项目部	2006 年×月×日	1	
2	二单元给水管道及配件安装检验批自检互检记录	××项目部	2006 年×月×日	1	
3	三单元给水管道及配件安装检验批自检互检记录	××项目部	2006 年×月×日	1	
4	一层室内消防栓系统安装检验批自检互检记录	××项目部	2006 年×月×日	1	
5	一单元排水管道及配件检验批自检互检记录	××项目部	2006 年×月×日	1	
6	二单元排水管道及配件检验批自检互检记录	××项目部	2006 年×月×日	1	
7	三单元排水管道及配件检验批自检互检记录	××项目部	2006 年×月×日	1	
8	一单元雨水管道及配件安装检验批自检互检记录	××项目部	2006 年×月×日	1	
9	二单元雨水管道及配件安装检验批自检互检记录	××项目部	2006 年×月×日	1	
10	三单元雨水管道及配件安装检验批自检互检记录	××项目部	2006 年×月×日	1	
11	一单元卫生器具给水配件安装检验批自检互检记录	××项目部	2006 年×月×日	1	
12	二单元卫生器具给水配件安装检验批自检互检记录	××项目部	2006 年×月×日	1	
13	三单元卫生器具给水配件安装检验批自检互检记录	××项目部	2006 年×月×日	1	
14	一单元卫生器具排水配件安装检验批自检互检记录	××项目部	2006 年×月×日	1	
15	二单元卫生器具排水配件安装检验批自检互检记录	××项目部	2006 年×月×日	1	
16	三单元卫生器具排水配件安装检验批自检互检记录	××项目部	2006 年×月×日	1	
17	一单元管道及配件安装检验批自检互检记录	××项目部	2006 年×月×日	1	
18	二单元管道及配件安装检验批自检互检记录	××项目部	2006 年×月×日	1	
19	三单元管道及配件安装检验批自检互检记录	××项目部	2006 年×月×日	1	

十、室内给水系统子分部工程、分项工程质量验收资料（分目录）

工程名称	××市世纪花园 3～9 号商住楼				
序号	资料名称	编制单位	编制日期	页数	备注
1	室内给水系统子分部工程质量验收记录	××项目部	2006 年×月×日	2	
2	给水管道及配件安装分项工程各检验批质量验收记录	××项目部	2006 年×月×日	4	有细目
3	室内消火栓系统安装分项工程各检验批质量验收记录	××项目部	2006 年×月×日	1	有细目

十、2 给水管道及配件安装分项工程各检验批质量验收记录（细目）

工程名称	××市世纪花园 3～9 号商住楼				
序号	施工部位、资料名称	编制单位	编制日期	页数	备注
1	一单元给水管道及配件安装检验批质量验收记录	××项目部	2006 年×月×日	1	
2	二单元给水管道及配件安装检验批质量验收记录	××项目部	2006 年×月×日	1	
3	三单元给水管道及配件安装检验批质量验收记录	××项目部	2006 年×月×日	1	

十、3 室内消火栓系统安装分项工程各检验批质量验收记录（细目）

工程名称	××市世纪花园 3～9 号商住楼				
序号	施工部位、资料名称	编制单位	编制日期	页数	备注
1	一层室内消火栓系统安装检验批质量验收记录	××项目部	2006 年×月×日	1	

十一、室内排水系统子分部工程、分项工程质量验收资料（分目录）

工程名称	××市世纪花园 3～9 号商住楼				
序号	资料名称	编制单位	编制日期	页数	备注
1	室内排水系统子分部工程质量验收记录	××项目部	2006 年×月×日	2	
2	排水管道及配件安装分项工程各检验批质量验收记录	××项目部	2006 年×月×日	4	有细目
3	雨水管道及配件安装分项工程各检验批质量验收记录	××项目部	2006 年×月×日	4	有细目

十一、2 排水管道及配件安装分项工程各检验批质量验收记录（细目）

工程名称	××市世纪花园 3～9 号商住楼				
序号	施工部位、资料名称	编制单位	编制日期	页数	备注
1	一单元排水管道及配件检验批质量验收记录	××项目部	2006 年×月×日	1	
2	二单元排水管道及配件检验批质量验收记录	××项目部	2006 年×月×日	1	
3	三单元排水管道及配件检验批质量验收记录	××项目部	2006 年×月×日	1	

十一、3 雨水管道及配件安装分项工程各检验批质量验收记录（细目）

工程名称	××市世纪花园 3～9 号商住楼				
序号	施工部位、资料名称	编制单位	编制日期	页数	备注
1	一单元雨水管道及配件安装检验批质量验收记录	××项目部	2006 年×月×日	1	
2	二单元雨水管道及配件安装检验批质量验收记录	××项目部	2006 年×月×日	1	
3	三单元雨水管道及配件安装检验批质量验收记录	××项目部	2006 年×月×日	1	

十二、卫生器具安装子分部工程、分项工程质量验收资料（分目录）

工程名称	××市世纪花园 3～9 号商住楼				
序号	资料名称	编制单位	编制日期	页数	备注
1	卫生器具安装子分部工程质量验收记录	××项目部	2006 年×月×日	1	
2	卫生器具给水配件安装分项工程各检验批质量验收记录	××项目部	2006 年×月×日	4	有细目
3	卫生器具排水配件安装分项工程各检验批质量验收记录	××项目部	2006 年×月×日	4	有细目

十二、2 卫生器具给水配件安装分项工程各检验批质量验收记录（细目）

工程名称	××市世纪花园 3～9 号商住楼				
序号	施工部位、资料名称	编制单位	编制日期	页数	备注
1	一单元卫生器具给水配件安装检验批质量验收记录	××项目部	2006 年×月×日	1	
2	二单元卫生器具给水配件安装检验批质量验收记录	××项目部	2006 年×月×日	1	
3	三单元卫生器具给水配件安装检验批质量验收记录	××项目部	2006 年×月×日	1	

十二、3 卫生器具排水配件安装分项工程各检验批质量验收记录（细目）

工程名称	××市世纪花园 3～9 号商住楼				
序号	施工部位、资料名称	编制单位	编制日期	页数	备注
1	一单元卫生器具排水配件安装检验批质量验收记录	××项目部	2006 年×月×日	1	
2	二单元卫生器具排水配件安装检验批质量验收记录	××项目部	2006 年×月×日	1	
3	三单元卫生器具排水配件安装检验批质量验收记录	××项目部	2006 年×月×日	1	

十三、室内采暖系统子分部工程、分项工程质量验收资料（分目录）

工程名称	××市世纪花园 3～9 号商住楼				
序号	资料名称	编制单位	编制日期	页数	备注
1	室内采暖系统子分部工程质量验收记录	××项目部	2006 年×月×日	2	
2	管道及配件安装分项工程各检验批质量验收记录	××项目部	2006 年×月×日	4	有细目
3	辅助设备及散热器安装质量验收记录	××项目部	2006 年×月×日	1	

十三、2 管道及配件安装分项工程各检验批质量验收记录（细目）

工程名称	××市世纪花园 3～9 号商住楼				
序号	施工部位、资料名称	编制单位	编制日期	页数	备注
1	一单元管道及配件安装检验批质量验收记录	××项目部	2006 年×月×日	1	
2	二单元管道及配件安装检验批质量验收记录	××项目部	2006 年×月×日	1	
3	三单元管道及配件安装检验批质量验收记录	××项目部	2006 年×月×日	1	

十四、水暖施工图及设计变更资料（分目录）

工程名称	××市世纪花园 3～9 号商住楼				
序号	资料名称	编制单位	编制日期	页数	备注
1	设计变更记录 1	××项目部	2006 年×月×日	1	
2	设计变更记录 2	××项目部	2006 年×月×日	1	

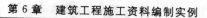

十五、其他必须提供的资料或记录（分目录）					
工程名称	××市世纪花园 3~9 号商住楼				
序号	资料名称	编制单位	编制日期	页数	备注
1	新技术、新工艺施工记录	××项目部	2006 年×月×日	1	

建 筑 工 程 施 工 资 料

第 六 册

（略）

名　　　称：××市世纪花园 3～9 号商住楼

案卷题名：建筑电气工程施工资料

编制单位：××市建筑工程公司

技术主管：×××

编制日期：2006 年×月×日起 2006 年×月×日止

保管期限：长期　　　　　　密级：

保存档号：×××××××

共八册　　　第六册

建 筑 工 程 施 工 资 料

第 七 册

名　　　称：××市世纪花园 3～9 号商住楼

案卷题名：施工物资资料

编制单位：××市建筑工程公司

技术主管：×××

编制日期：2006 年×月×日起 2006 年×月×日止

保管期限：长期　　　　　密级：

保存档号：××××××

共八册　　　第七册

施工物资资料（目录）

工程名称	××市世纪花园 3～9 号商住楼				
序号	施工资料题名	编制单位	编制日期	页次	备注
一	建筑与结构工程施工物资资料	××项目部	2006 年×月×日	20	有分目录
二	建筑给水、排水及采暖工程施工物资资料	××项目部	2006 年×月×日	9	有分目录
三	建筑电气工程施工物资资料	××项目部	2006 年×月×日	10	有分目录

一、建筑与结构工程施工物资资料（分目录）

工程名称	××市世纪花园 3～9 号商住楼			
序号	资料名称	编制日期	页数	备注
1	钢筋合格证、试验报告汇总表	2006 年×月×日	1	
2	钢筋焊接接头合格证、试验报告汇总表	2006 年×月×日	1	
3	焊条、焊剂合格证、试验报告汇总表	2006 年×月×日	1	
4	半成品钢筋合格证汇总表	2006 年×月×日	1	
5	水泥合格证、试验报告汇总表	2006 年×月×日	2	
6	预拌混凝土合格证、试验报告汇总表	2006 年×月×日	1	
7	混凝土外加剂合格证、试验报告汇总表	2006 年×月×日	1	
8	碱含量测试试验报告汇总表	2006 年×月×日	1	
9	预制混凝土构件出厂合格证汇总表	2006 年×月×日	1	
10	砂子试验报告汇总表	2006 年×月×日	1	
11	石子试验报告汇总表	2006 年×月×日	1	
12	多孔砖、黏土砖合格证试验报告汇总表	2006 年×月×日	1	
13	蒸压粉煤灰加气混凝土砌块合格证、试验报告汇总表	2006 年×月×日	1	
14	粉煤灰合格证、试验报告汇总表	2006 年×月×日	1	
15	防水材料出厂合格证、试验报告汇总表	2006 年×月×日	1	
16	聚苯乙烯泡沫板合格证、检测报告汇总表	2006 年×月×日	1	
17	油漆、涂料合格证、试验报告汇总表	2006 年×月×日	1	
18	门窗合格证汇总表	2006 年×月×日	1	
19	玻璃合格证汇总表	2006 年×月×日	1	
20	密封膏合格证汇总表	2006 年×月×日	1	
21	地板砖、面砖合格证、试验报告汇总表	2006 年×月×日	1	
22	硬聚氯乙烯塑料雨水管合格证、检测报告汇总表	2006 年×月×日	1	
23	混凝土界面处理剂合格证	2006 年×月×日	1	

续表

一、建筑与结构工程施工物资资料（分目录）

工程名称	××市世纪花园 3～9 号商住楼			
序号	资料名称	编制日期	页数	备注
24	××市质量检测中心资质认证合格证	2006 年×月×日	1	
25	水质分析报告书	2006 年×月×日	1	
26	混凝土膨胀剂检测报告	2006 年×月×日	1	
27	隔热用聚苯乙烯泡沫塑料检测报告	2006 年×月×日	1	
28	SBS 改性沥青防水卷材检验报告	2006 年×月×日	1	
29	粉煤灰检测报告	2006 年×月×日	1	
30	天然花岗石建筑板材检测报告	2006 年×月×日	1	
31	外加剂性能检测报告	2006 年×月×日	1	
32	门窗抗风压性能、空气渗透性能、雨水渗透性能检测报告	2006 年×月×日	1	

二、建筑给水、排水及采暖工程施工物资资料（分目录）

工程名称	××市世纪花园 3～9 号商住楼			
序号	资料名称	编制日期	页数	备注
1	PP－R 给水管材合格证汇总表	2006 年×月×日	1	
2	排水管材 UPVC 合格证汇总表	2006 年×月×日	1	
3	散热器合格证汇总表	2006 年×月×日	1	
4	阀门、水龙头合格证汇总表	2006 年×月×日	1	
5	铸铁排水管合格证汇总表	2006 年×月×日	1	
6	水表 LXS－20E 合格证汇总表	2006 年×月×日	1	
7	PEX 采暖管材合格证汇总表	2006 年×月×日	1	
8	焊接钢管合格证汇总表	2006 年×月×日	1	
9	陶瓷产品合格证汇总表	2006 年×月×日	1	
10	消防产品合格证汇总表	2006 年×月×日	1	
11	通用阀门耐压密封试验	2006 年×月×日	1	
12	水表计量检定证书	2006 年×月×日	1	
13	焊接钢管、热镀锌焊接钢管准用证	2006 年×月×日	1	
14	建筑排水用硬聚氯乙烯塑料管准用证	2006 年×月×日	1	
15	铸铁管产品证书	2006 年×月×日	1	
16	球阀检验报告	2006 年×月×日	1	
17	绝热材料的产品质量合格证、检测报告	2006 年×月×日	1	

序号	资料名称	编制日期	页数	备注
1	电线合格证汇总表	2006 年×月×日	1	
2	阻燃管合格证汇总表	2006 年×月×日	1	
3	灯具合格证汇总表	2006 年×月×日	1	
4	照明配电箱合格证汇总表	2006 年×月×日	1	
5	开关、插座合格证汇总表	2006 年×月×日	1	
6	漏电断路器合格证汇总表	2006 年×月×日	1	
7	接线盒合格证汇总表	2006 年×月×日	1	
8	开关箱、插座箱、配电箱合格证汇总表	2006 年×月×日	1	
9	低压配电柜、动力、照明配电箱生产许可证、检验报告、CCC 认证及证书复印件	2006 年×月×日	1	
10	照明灯具、开关、插座及附件 CCC 认证及证书复印件	2006 年×月×日	1	
11	电线生产许可证、CCC 认证及证书复印件	2006 年×月×日	1	

三、建筑电气工程施工物资资料（分目录）

工程名称　××市世纪花园 3～9 号商住楼

建 筑 工 程 施 工 资 料

第 八 册

名　　称：××市世纪花园 3～9 号商住楼

案卷题名：建设工程竣工验收与备案资料

编制单位：××市建筑工程公司

技术主管：×××

编制日期：2006 年×月×日起 2006 年×月×日止

保管期限：长期　　　　　密级：

保存档号：××××××

共八册　　第八册

建设工程竣工验收与备案资料（目录）

	工程名称	××市世纪花园 3～9 号商住楼				
序号	施工资料题名	编制单位	编制日期	页次	备注	
一	工程概况表	××项目部	2006 年×月×日	1		
二	单位（子单位）工程质量竣工验收记录	××项目部	2006 年×月×日	1		
三	单位（子单位）工程质量控制资料核查记录	××项目部	2006 年×月×日	1		
四	单位（子单位）工程安全和功能检验资料核查及主要功能抽查记录	××项目部	2006 年×月×日	2		
五	单位（子单位）工程观感质量检查记录	××项目部	2006 年×月×日	1		
六	建设工程竣工报告	××项目部	2006 年×月×日	6		
七	工程质量保修书	××项目部	2006 年×月×日	5		
八	工程整改文件	××项目部	2006 年×月×日	2		
九	工程款拨付证明文件	××项目部	2006 年×月×日	10		
十	河北省建设工程竣工验收备案证明书	××项目部	2006 年×月×日	1		
十一	合格文件（勘察、设计、施工图审查机构）	勘察设计单位	2006 年×月×日	1	建设单位办理	
十二	认可、准许文件（规划、公安消防、环保、档案）	××项目部	2006 年×月×日	1	建设单位办理	
十三	工程质量保证书	××项目部	2006 年×月×日	5	建设单位办理	
十四	工程款拨付证明文件	××项目部	2006 年×月×日	8	建设单位办理	
十五	质量保证、安全、功能及抽查资料	××项目部	2006 年×月×日		建设单位办理	
十六	工程监理资料	××监理公司	2006 年×月×日	1	建设单位办理	
十七	验收监督通知书	××市质量监督站	2006 年×月×日	2	建设单位办理	
十八	工程开工、施工、竣工录音、录像、照片、光盘等资料	××项目部	2006 年×月×日	16		
十九	竣工图	××项目部	2006 年×月×日	32		
二十	竣工报告	××项目部	2006 年×月×日	2	建设单位上报	
二十一	竣工验收报告	××项目部	2006 年×月×日	1	建设单位上报	
二十二	监理评估报告	××监理公司	2006 年×月×日	3	建设单位上报	
二十三	竣工验收备案表	××市建设局	2006 年×月×日	1	建设单位上报	

参 考 文 献

1 王立信. 建筑工程技术资料应用指南. 北京：中国建筑工业出版社，2003
2 吴锡桐. 建筑工程资料员手册. 上海：同济大学出版社，2005
3 王全民. 建筑工程施工技术资料编审实用手册. 北京：中国水利水电出版社，2006
4 吕宗斌. 建设工程技术资料管理. 武汉：武汉理工大学出版社，2005
5 刘志强. 建筑工程资料管理与标准规范实务手册. 长春：吉林文化音像出版社，2003
6 申明芳. 建筑工程技术资料整理指南. 郑州：河南科学技术出版社，2004
7 丁元余. 建设工程文件归档管理指南. 郑州：黄河出版社，2003
8 张元勃. 建筑工程资料管理. 北京：中国市场出版社，2004
9 GB 50300—2001 建筑工程施工质量验收统一标准. 北京：中国建筑工业出版社，2001
10 GB 50319—2000 建设工程监理规范. 北京：中国建筑工业出版社，2001
11 GB/T 50328—2001 建设工程文件归档整理规范. 北京：中国建筑工业出版社，2001

参 考 文 献